ACTIONS PHYSIOLOGIQUES
ET DANGERS
DES
COURANTS ÉLECTRIQUES

PAR

J. RODET
Ingénieur des Arts et Manufactures.

PARIS
GAUTHIER-VILLARS & Cie ÉDITEURS
55, QUAI DES GRANDS-AUGUSTINS, 55

1917

ACTIONS PHYSIOLOGIQUES
ET DANGERS
DES
COURANTS ÉLECTRIQUES

Lyon. — Imprimerie A. REY, 4, rue Gentil. — 72517

ACTIONS PHYSIOLOGIQUES
ET DANGERS
DES
COURANTS ÉLECTRIQUES

PAR

J. RODET
Ingénieur des Arts et Manufactures.

PARIS
GAUTHIER-VILLARS & Cie ÉDITEURS
55, QUAI DES GRANDS-AUGUSTINS, 55

1917

ACTIONS PHYSIOLOGIQUES
ET DANGERS
DES
COURANTS ÉLECTRIQUES

PRÉFACE

Cette étude est divisée en six chapitres.

Dans un premier chapitre, nous examinerons diverses actions physiologiques des courants électriques sur l'organisme.

Dans un deuxième chapitre, nous étudierons les dangers que présentent le courant électrique pour l'homme et les animaux, la nature des lésions que l'énergie électrique est capable de produire sur l'organisme et les conditions dans lesquelles elle peut causer la mort.

Dans un troisième chapitre, nous décrirons une série d'expériences d'électrocution de chevaux.

Un quatrième chapitre est consacré à la monographie d'un certain nombre d'accidents, ainsi qu'à des statistiques d'accidents dans divers pays. Une telle description d'accidents peut servir d'enseignement pour éviter le danger pour soi-même et pour le personnel que l'on peut avoir à diriger.

Dans un cinquième chapitre, nous indiquerons un certain nombre de précautions que l'on peut prendre et de dispositifs que l'on peut adopter pour supprimer, ou tout au moins réduire les dangers du courant électrique. Les précautions utiles pour protéger la vie présentent un grand intérêt pour les agents chargés de l'exploitation des installations électriques à haute tension et principalement pour le public, pour les abonnés.

Les soins à donner aux blessés, ainsi que les méthodes proposées et employées, pour tenter le rappel à la vie des victimes d'une commotion électrique font l'objet d'un sixième et dernier chapitre.

Lyon, juin 1914.

J. Rodet.

du courant électrique sur le système nerveux. Cette expérience a été présentée par M. d'Arsonval à la Société de Biologie, le 4 juillet 1885. Il montra qu'en excitant un muscle par un courant alternatif provenant d'un microphone actionné par la voix humaine on arrive à faire transmettre par ce muscle le chant et même la parole. Un muscle d'une patte de grenouille est tendu horizontalement entre un support et le centre d'une membrane circulaire fermant une capsule prolongée par un cornet acoustique. Les fils d'un téléphone ou microphone à bobine d'induction sont reliés au nerf du muscle dont les contractions successives provoquent les vibrations de la membrane, lesquelles reproduisent le chant que l'on perçoit au pavillon du cornet acoustique.

Le premier effet ressenti par une personne venant en contact avec un conducteur électrique sous tension, *dans des conditions telles qu'un courant électrique prenne naissance*, est un *choc électrique* ou une *commotion électrique*. Le courant agit sur le système nerveux et détermine la contraction de certains muscles. L'action du courant sur le système nerveux produit une sensation qui varie suivant l'intensité du courant du simple chatouillement jusqu'à la plus vive douleur.

Dans certains cas, la contraction des muscles est la crispation. Cet effet se produit principalement lorsqu'un courant alternatif d'intensité suffisante traverse le corps en pénétrant par une main. Le patient reçoit un grand nombre de chocs par seconde qui produisent la crispation, paralysie musculaire ou tétanos musculaire. Les muscles des doigts se contractent, les doigts se crispent de telle sorte que le patient ne peut plus lâcher prise jusqu'à ce que le courant soit interrompu.

Si la commotion est violente, surtout si la douleur est vive, elle détermine en général un mouvement réflexe des muscles qui tend à séparer brusquement du conducteur électrique la partie du corps qui se trouvait en contact, à la condition qu'il n'y ait pas crispation empêchant le patient de lâcher prise.

Un certain nombre de nerfs, dits *nerfs d'arrêt*, excités électriquement, produisent le ralentissement ou même l'arrêt de l'activité fonctionnelle des organes auxquels ils se rendent.

En 1845, les frères Weber découvrirent que l'excitation électrique du nerf pneumogastrique détermine le ralentissement et même l'arrêt du cœur. Brown-Séquard a donné à cette action de ralentissement ou d'arrêt de fonctionnement le nom d'*inhibition*. D'autres physiologistes ont constaté que le degré de ces actions inhibitoires dépend de l'intensité du courant employé : c'est ainsi que les courants de faible intensité ralentissent seulement le rythme du cœur, tandis que les courants de forte intensité produisent un arrêt complet de cet organe.

En 1841, Budge découvrit que l'électrisation du bulbe rachidien peut déterminer le ralentissement et l'arrêt du cœur. Cet effet est dû à une action conduite au cœur par le pneumogastrique.

Schiff a montré qu'il suffit d'exciter une seule des deux branches du pneumogastrique pour arrêter le cœur.

Les parois du cœur sont formées d'un tissu essentiellement musculaire englobant des amas de cellules nerveuses dits *ganglions intracardiaques* avec lesquels se mettent en rapport les extrémités des fibres nerveuses du cœur, venues soit du pneumogastrique, soit du grand sympathique. Les fibres musculaires se contractent sous l'influx nerveux qu'elles reçoivent des ganglions moteurs. Le pneumogastrique excité n'agit pas directement sur les fibres musculaires, mais sur les ganglions excitateurs de ces fibres pour modérer leur activité.

Une lésion minime de la partie supérieure de la moelle ou du système nerveux périphérique peut déterminer l'arrêt du cœur, de la respiration, des fonctions cérébrales.

En 1855, Pflüger arrêta les mouvements de l'intestin en excitant le nerf splanchnique.

Dans ces diverses expériences, l'arrêt de fonctionnement des organes n'était pas définitif; le mouvement de ces organes réapparaissait dès qu'on supprimait l'excitation du nerf correspondant.

Rosenthal détermina l'arrêt de la respiration en excitant soit le pneumogastrique, soit le laryngé supérieur.

Le courant électrique exerce également une action sur les vaisseaux sanguins. Les artères et, en particulier, les artérioles sont garnis d'une riche tunique de fibres musculaires annulaires lisses. En se contractant, ces fibres réduisent le diamètre intérieur des vaisseaux, tandis que leur relâchement a comme effet la dilatation de ces canaux.

Ces vaisseaux reçoivent les nerfs vaso-moteurs, découverts par Cl. Bernard. Les uns sont *constricteurs*, c'est-à-dire excitent la contraction des fibres lisses; ils sont les analogues des nerfs systoliques du cœur. Les autres nerfs sont *dilatateurs*, c'est-à-dire ont comme fonction de faire relâcher les fibres musculaires en affaiblissant ou annulant l'action des premiers. Ces derniers nerfs correspondent aux nerfs modérateurs, ou d'arrêt du cœur.

Le Dr Bleile, d'Ohio, déduit de ses expériences que le courant électrique détermine la mort en produisant la contraction des artères par son action sur les fibres musculaires lisses. Les artérioles pulmonaires se contractent sous l'excitation du sang complètement désoxygéné. On a constaté que ce sont les animaux auxquels on a administré du nitrite d'amyle qu'il est le plus difficile de tuer, à l'aide du courant électrique. Cette substance agit en paralysant les parois des petits vaisseaux sanguins, évitant de la sorte à la fois la constriction artérielle et l'obstruction pulmonaire.

Le cœur gauche commande les artères, le cœur droit les veines. Les artères conduisent le sang aux organes, tandis que les veines le ramènent au cœur droit qui l'envoie aux poumons; ceux-ci rejettent l'acide carbonique abandonné par le sang et fournissent à ce fluide de l'oxygène; il se produit un échange d'acide carbonique et d'oxygène par osmose à travers les parois des poumons. Le sang saturé d'oxygène se rend au cœur gauche et de là aux tissus. Entre les artères et les veines se trouve le système des capillaires, vaisseaux fins comme des cheveux, qui pénètrent tous les tissus sous forme d'un réseau extrêmement serré et produisant l'échange du sang usé et du sang frais et des gaz. La paroi de tous les vaisseaux sanguins renferme des fibres musculaires, tandis que la plus fine musculature se trouve dans les vaisseaux capillaires.

Si, sous l'action du courant électrique, les artères se contractent fortement, ils opposent une plus grande résistance au flux de sang refoulé par le cœur gauche et, par suite, forcent cet organe à produire un effort plus grand : la pression du sang dans les artères augmente. Le cœur développe un plus grand travail et l'excès de pression du sang peut amener la rupture des artères, surtout chez les vieillards, chez lesquels ces vaisseaux sont fragiles. S'il y a rupture d'une artère dans le cerveau, c'est l'apoplexie. La rupture de vaisseaux capillaires détermine des hémorragies qui peuvent être inoffensives ou bien plus ou moins graves, telles que : hémorragies intestinales; diarrhées sanguines; hémorragies dans la rétine, dans la cornée transparente, dans la cornée opaque, dans le cristallin, susceptibles de produire des troubles de la vue plus ou moins graves, pouvant entrainer la cécité temporaire ou durable. Les hémorragies dans le système nerveux central peuvent dans certains cas provoquer des troubles très graves. Les hémorragies dans la moelle épinière peuvent affecter les centres nerveux importants de la vie et amener la mort subite. Les hémorragies dans les méninges ou dans les systèmes de nerfs de la moelle épinière produisent la paralysie d'une partie du corps ou de tout un côté. Ces paralysies sont passagères ou durables.

La dilatation ou le relâchement des vaisseaux capillaires peut également donner naissance à des effusions sanguines à travers les parois de ces vaisseaux qui se laissent alors traverser par le sang. S'il y a dilatation des artères, la résistance opposée au cœur par la circulation du sang diminue; mais alors cet organe se dilate en même temps et ne donne plus que des battements lâches, lesquels ne sont plus capables d'entretenir la circulation du sang; il y a donc abaissement de la pression du sang dans les artères qui détermine l'arrêt du cœur.

Il a été constaté que la diminution de la pression artérielle est produite en général par le courant alternatif. Les courants alternatifs de la fréquence de 150 périodes par seconde engendrent le relâchement complet du cœur. Le courant continu produit l'augmentation de la pression artérielle.

L'action du courant sur le système nerveux détermine parfois les mouvements fibrillaires du cœur. Cet organe, au lieu de se dilater et de se contracter comme un tout, se dilate et se contracte seulement dans ses parties. Il semble trembler. Dans cet état, le cœur n'entretient plus la circulation du sang.

Des personnes ayant touché de la tête un conducteur à haute tension ont perçu un craquement dans les oreilles. Un tel accident peut donner naissance à des bruits d'oreille persistants, à des bourdonnements, à des sifflements; il peut produire la surdité passagère ou durable.

III. Effet calorifique des courants électriques.

L'un des effets produits par le passage d'un courant électrique dans un corps est un dégagement de chaleur. Si un courant d'intensité I ampères traverse un élément de circuit de résistance R ohms pendant un temps t secondes, une quantité d'énergie RI^2t joules se trouve dégagée pendant cet intervalle de temps sous forme de chaleur dans cet élément de circuit.

Cette quantité de chaleur exprimée en calories est :

$$\frac{RI^2t}{9{,}81 \times 425} = \frac{RI^2t}{4.169} \text{ calories.}$$

9,81 étant l'accélération de la pesanteur en mètres par seconde et 425 l'équivalent mécanique de la chaleur.

Par exemple, un courant de 8 ampères traversant un élément de circuit dont la résistance est 200 ohms pendant 30 secondes dégagera dans ce conducteur une quantité de chaleur égale à

$$\frac{200 \times 8^2 \times 30}{4.169} = 92{,}1 \text{ calories.}$$

1 kilowatt pendant 1 heure ou 3.600 secondes, ou 1 kilowattheure équivaut à une quantité de chaleur

$$\frac{1.000 \times 3\,600}{4.169} = 863 \text{ calories.}$$

Dans une exécution aux Etats-Unis, que nous relatons plus loin, un courant alternatif d'une tension efficace de 1.740 volts et d'une intensité efficace de 8 ampères fut lancé dans le corps du condamné pendant les 4 premières secondes. La puissance de ce courant, égale à

$$1.740 \times 8 = 13.920 \text{ watts,}$$

a fourni à l'intérieur du corps du condamné, pendant l'intervalle de 4 secondes, une énergie

$$\frac{13.920 \times 4}{3.600} = 15,5 \text{ wattheures ou } 13,37 \text{ calories.}$$

Les calculs qui précèdent supposent que l'énergie du courant est transformée intégralement en chaleur, qu'il n'y a pas d'action chimique, ni d'effet mécanique produits.

Ce dégagement de chaleur se manifeste fréquemment à l'extérieur par des brûlures superficielles. C'est ainsi que lorsque le courant électrique traverse le corps humain en entrant par une main et en sortant par un pied, on constate souvent des brûlures à la main et à la plante des pieds. Si les semelles du sujet sont garnies de clous, lesquels offrent au courant un passage à la terre moins résistant que le reste de la semelle, il se produit souvent sur la plante du pied une série de petites brûlures correspondant aux clous de la semelle.

Ces brûlures superficielles prennent naissance principalement lorsque la surface de la peau en contact avec le conducteur est faible, c'est-à-dire lorsque la densité de courant dans le premier élément par lequel le courant pénètre dans le corps est élevée. Par exemple, si l'on touche avec la main l'une des bornes secondaires d'une forte bobine d'induction capable de fournir un courant de forte intensité dans les expériences de haute fréquence, on s'expose à recevoir une brûlure au point de contact avec la borne. Si, au contraire, on touche la borne par l'intermédiaire d'une tige métallique, on reçoit une commotion, mais non accompagnée de brûlure, parce que la surface de contact avec la peau est grande et que, par suite, la densité de courant à la surface de pénétration est faible.

Un dégagement important de chaleur peut avoir lieu à l'intérieur même du corps, sur le trajet du courant. Nous verrons plus loin, dans la description d'expériences sur des chevaux, qu'il a été constaté que certaines parties du corps de ces animaux avaient été partiellement cuites par le passage du courant.

Enfin le courant produit parfois sur son trajet des brûlures sur les tendons, sur les os aux articulations, régions constituant des points de résistance maximum.

IV. Action électrolytique du courant.

Le courant électrique peut électrolyser le sang et les tissus. Cette action se manifeste parfois sous forme de destruction pure et simple des tissus.

L'action électrolytique n'est sensible qu'avec le courant continu.

V. Actions physiologiques des courants de haute fréquence.

Les courants de haute fréquence, même de forte intensité, jusqu'à certaines limites, traversant le corps humain ne sont pas dangereux.

M. d'Arsonval a fait passer des courants de haute fréquence à travers le corps humain dans différentes conditions d'expérience.

Dans l'une de ces expériences, le sujet était relié en deux points différents aux deux bornes du générateur de courant de haute fréquence. On réglait l'intensité du courant en faisant varier le nombre de spires shuntées par le sujet.

Dans un autre dispositif, un solénoïde à axe vertical recevait le courant de haute fréquence. Autour de ce solénoïde deux personnes se tenaient par une main et saisissaient de l'autre main chacune l'une des extrémités des deux conducteurs d'une lampe à incandescence de 16 bougies, 110 volts, formant ainsi une spire secondaire fermée. La lampe s'allumait, brillant avec son éclat normal. Le courant traversant la lampe et, par conséquent, les deux sujets, avait donc une intensité de 0,5 ampère. Cependant les deux sujets n'éprouvèrent pas la moindre incommodité.

Dans une troisième expérience, le courant traversait le sujet par *autoconduction*. Celui-ci était placé à l'intérieur du solénoïde parcouru par le courant de haute fréquence, le corps du sujet formant secondaire massif dans lequel le courant induit se fermait par les cellules.

Enfin, dans une quatrième expérience, le corps du sujet était utilisé comme l'une des armatures d'un condensateur. Le sujet, tenant d'une main l'une des bornes du générateur de courant de haute fréquence, était couché sur un matelas étendu sur une couchette garnie d'une feuille d'étain reliée au second pôle du générateur. On obtenait le réglage de l'intensité du courant, indiquée par un ampèremètre, en déplaçant l'une des bornes le long du solénoïde de façon à prendre un nombre voulu de spires.

Dans ces expériences, M. d'Arsonval est arrivé à faire traverser le corps du sujet par un courant de 0,5 ampère, 1 ampère et même 3 ampères. Le sujet éprouvait simplement une sensation de chaleur due à l'effet Joule, même lorsque le courant atteignait plusieurs ampères. Dans les mêmes conditions, un courant alternatif aux faibles fréquences industrielles, jusqu'à 150 périodes par seconde, devient intolérable pour une intensité de 12 à 15 milliampères par suite de la douleur et des contractions musculaires violentes qu'il provoque. Avec la haute fréquence, l'effet calorifique seul persiste. On peut pousser cet effet jusqu'à l'altération complète des tissus par cuisson.

Pour expliquer cette innocuité d'un courant de haute fréquence, on a admis que ce courant alternatif ne traverse pas l'intérieur du corps, mais passe seulement à la surface.

Un courant alternatif traversant un corps cylindrique bon conducteur, surtout si celui-ci est magnétique, a tendance à se confiner principalement à la surface du corps, ne pénétrant qu'à une faible profondeur. Ce *skin effect* est d'autant plus accentué que la fréquence est plus élevée. D'autre part, ce phénomène est très peu sensible dans les corps de conductibilité relativement faible, tels que les solutions salines, et l'on estime que dans le corps humain il est pratiquement négligeable et que, jusqu'à la plus haute fréquence considérée, le courant se diffuse dans le corps de la même manière qu'un courant continu.

M. d'Arsonval a attribué cette insensibilité relative du corps humain à l'incapacité des nerfs sensibles de répondre aux stimuli de haute fréquence.

Le Dr Nernst estime que la théorie du passage de la totalité du courant par la surface du corps est erronée et il donne une autre explication de ce phénomène. Il pense que le courant, en raison de sa haute fréquence, ne fournissant qu'une très petite quantité d'électricité pendant chaque demi-onde, et les demi-ondes successives étant de signe contraire, n'a pas le temps de provoquer des variations importantes de concentration dans les cellules. Il a établi que la variation de concentration, laquelle dépend de l'intensité du courant, est en raison inverse de la racine carrée de la fréquence. Il en déduit que l'action excitatrice des courants alternatifs diminue proportionnellement à la racine carrée de la fréquence. Un corps qui supporte seulement un faible courant alternatif de fréquence industrielle sans sensation d'excitation peut donc recevoir, sans être excité, un courant de haute fréquence beaucoup plus intense.

Dans les diverses expériences à haute fréquence que nous venons de mentionner, il n'a pas été fait de mesures réelles. Les appareils consistaient en un condensateur que l'on chargeait et qui se déchargeait à travers un circuit inductif comprenant le corps du sujet. On se contentait de mesurer le courant et d'estimer la tension et la fréquence.

MM. A.-E. Kennelly et E.-F. Alexanderson ont fait des expériences sur les actions physiologiques des courants de haute fréquence à l'aide d'un dispositif permettant la mesure exacte de la fréquence, de la tension et du courant.

Le courant de haute fréquence était fourni par une génératrice de 2 kilowatts, à induit double, fixe et à inducteur tournant, analogue à celle construite par la General Electric Company pour la télégraphie et la téléphonie sans fil. Cette machine donne à volonté 110 ou 220 volts. Elle est mue par un moteur à courant continu par l'intermédiaire d'une paire de roues dentées de rapport de 10 : 1. La vitesse de la génératrice est réglable à l'aide du moteur. La vitesse maximum est de 20.000 tours par minute. A un nombre de tours donné de la génératrice correspond une valeur déterminée de la fréquence. La force électromotrice est sensiblement sinusoïdale. La tension maximum employée dans les expériences de tolérance est de 360 volts avec une intensité correspondante de 0,8 ampère. Aux bornes de la génératrice est monté, en dérivation, un condensateur de capacité réglable en série avec un rhéostat également réglable. Le courant de pleine charge est 40 ampères. Ce shunt permet de régler la tension au-dessus de sa valeur pour la marche à vide. La tension et le courant entre les points de pénétration dans le sujet en expérience sont mesurés à l'aide d'un voltmètre et d'un milliampèremètre caloriques dont les indications sont indépendantes de la fréquence et de la forme d'onde.

Les bornes de la génératrice sont connectées à deux bacs métalliques contenant de l'eau additionnée de 3 pour 100 de sel commun dans lesquels le sujet tient les mains plongées jusqu'au poignet. Le courant alternatif pénètre par la peau des mains imprégnée de l'électrolyte, passe par les bras et se diffuse dans le thorax et le tronc.

Tout d'abord on réglait la vitesse de la génératrice de façon à obtenir une fréquence déterminée, puis on réduisait la tension à une faible valeur en agissant sur l'excitation. On introduisait alors le sujet dans le circuit et on augmentait progressivement la tension, en accroissant l'excitation, jusqu'à ce que le sujet indiquât qu'une nouvelle augmentation de la tension lui causerait de la douleur. On notait alors le nombre de volts et le nombre de milliampères traversant le corps du sujet.

Le courant maximum que le sujet peut supporter à travers ses bras et son corps sans douleur vive, à une fréquence donnée, et la tension correspondante ont été dénommés par les auteurs *courant de tolérance* et *tensoni de tolérance* du sujet considéré pour cette fréquence.

On changeait alors la fréquence et on répétait les mesures. Pour chaque sujet les expériences ont été effectuées à cinq fréquences différentes variant de 11.000 à 100.000 périodes par seconde.

MM. Kennelly et Alexanderson ont appelé *quantité cyclique de tolérance* le nombre de microcoulombs par cycle $\frac{I}{n}$ qui traversent le sujet, rapporté au courant efficace. Pour une onde de tension sinusoïdale, la quantité d'électricité traversant le corps pendant chaque demi-période est égale à cette quantité virtuelle multipliée par $\frac{\sqrt{2}}{\pi}$.

MM. Kennelly et Alexanderson ont consigné les résultats de leurs expériences par le tableau ci-après :

Dans ces expériences, la tension de tolérance a varié de 12 volts pour la fréquence de 11.000 périodes par seconde à 250 et même 360 volts pour la fréquence de 100.000 périodes par seconde.

Le courant de tolérance croît notablement lorsque la fréquence croît elle-même de 11.000 à 100.000 périodes par seconde.

Pour la fréquence de 62, 5 périodes par seconde et pour 5 sujets, la tension de tolérance a varié entre 5,1 et 8,4 volts, le courant de tolérance entre 4 et 10 milliampères et la quantité cyclique de tolérance entre 56 et 168 microcoulombs par cycle.

D'après le témoignage unanime des sujets, à la fréquence de 100.000 périodes par seconde et aux fréquences voisines, on éprouve une sensation de fourmillement et de chaleur dans les poignets lorsque le courant approche de la valeur de tolérance, mais il ne se produit pas de contractions musculaires ni dans les mains, ni dans les bras. Lorsque la fréquence était réduite à 50,000 périodes par seconde, les contractions commençaient à se manifester dans les muscles de l'avant-bras. Au fur et à mesure que l'on réduisait la fréquence au-dessous de 50.000 périodes par seconde, les contractions musculaires s'accentuaient de plus en plus.

A la fréquence de 60 périodes par seconde, un homme peut supporter seulement 5 milliampères; à 11.000 périodes par seconde, 30 milliampères et à 100.000 périodes par seconde, environ 0,5 ampère.

Le courant de tolérance ne peut pas être déterminé très exactement. C'est une estimation physiolologique sujette à variation, non seulement pour les différents individus, mais encore pour un même individu à divers moments.

MM. Kennelly et Alexanderson estiment que l'augmentation du courant de tolérance avec la fréquence peut être attribuée, ainsi que l'a suggéré M. d'Arsonval, à la diminution de la sensibilité nerveuse aux fréquences élevées.

VI. Actions physiologiques des courants interrompus.

On a découvert, vers la fin du siècle dernier, que les courants interrompus sont capables, dans certaines conditions, de produire l'anesthésie.

Initiales du nom du sujet	Fréquence Périodes par seconde n	Tension entre les bacs volts	Courant de tolérance I Ampères	Résistance insérée ohms	Quantité cyclique de tolérance $\frac{I}{n}$ Coulombs par cycle $\times 10^6$	OBSERVATIONS
D. M.	100,000	250	0,5	500	5,0	Sensation de chaleur seulement.
	75,000	160	0,32	500	4,3	
	50,000	110	0,18	612	3,6	Légères contractions musculaires.
	30,000	50	0,09	557	3,0	
	16,000	27	0,044	614	2,8	
	11,000	17	0,028	614	2,5	
A. E. K.	100,000	200	0,33	600	3,3	Fourmillement et chaleur aux poignets.
	50,000	100	0,17	590	3,4	Légères contractions musculaires.
	30,000	35	0,07	500	2,3	
P. R.	100,000	360	0,8	450	8,0	Contractions musculaires dans les bras et les poignets.
	50,000	125	0,2	625	4,0	
	30,000	95	0,15	633	5,0	
	16,000	32	0,05	640	3,1	
	11,000	20	0,03	667	2,7	
P. M.	100,000	240	0,45	534	4,5	
	80,000	150	0,26	577	3,3	
	60,000	105	0,18	584	3,0	
	40,000	70	0,12	583	3,0	
	25,000	40	0,065	616	2,6	
	16,000	25	0,040	625	2,5	
	11,000	16	0,025	625	2,3	
G. M. S.	100,000	200	0,48	417	4,8	
	80,000	150	0,38	395	4,8	
	60,000	80	0,21	381	3,5	
	40,000	50	0,13	384	3,3	
	25,000	35	0,085	412	3,4	
	16,000	22	0,05	440	3,1	
	11,000	12	0,027	440	2,5	
I. T.	62,5	7	0,0055	1272	88	Contractions musculaires dans les bras et les poignets.
G. A. W.	62,5	7,1	0,0035	2020	56	
P. H. C.	62,5	8,4	0,0105	800	168	
A. E. K.	62,5	5,1	0,0041	1240	66	
C. P.	62,5	6,6	0,0053	1240	85	

Cette action spéciale du courant électrique a été étudiée, en particulier, par le Dr Fauveau de Courmelles, lequel a démontré que par l'application de courants appropriés, on pouvait obtenir une insensibilisation telle que des piqûres pratiquées avec une aiguille, ainsi que des incisions de la peau, n'engendraient aucune douleur, mais produisaient simplement la sensation d'une pression. Le courant engendre l'analgésie par inhibition des centres sensitifs.

En 1902, le professeur Leduc, de Nantes, fit une communication sur ce sujet au Congrès d'Electrobiologie de Berne. Non seulement il obtint une anesthésie complète, mais encore il produisit un sommeil analogue à celui engendré par le chloroforme, et qu'il dénomma *sommeil électrique*.

Le courant qu'il emploie à cet effet produit le maximum d'excitation avec le minimum d'énergie. C'est un courant interrompu. A la fermeture du circuit, le nerf se trouve excité au pôle *négatif*, tandis qu'au pôle positif le courant ne produit aucune excitation. Le sens du courant doit donc être constant.

Le professeur Leduc a trouvé que la fréquence la plus avantageuse est de 100 interruptions par seconde. Il s'écoule donc 1/100 de seconde entre deux fermetures successives du circuit; cet intervalle est la période. L'expérience a montré que pour une durée de passage du courant de 1/1000 de seconde, soit 1/10 de la période de 1/100 de seconde, l'excitation a lieu.

Le courant est produit au moyen d'une source quelconque de courant continu dans le circuit de laquelle on intercale un interrupteur analogue à un commutateur redresseur. Cet interrupteur est formé d'un disque de matière isolante portant sur sa périphérie plusieurs segments métalliques isolés entre eux. Un moteur électrique fait tourner ce disque, sur lequel frottent deux balais de charbon radiaux, intercalés dans le circuit. L'un de ces balais est fixe, tandis que l'autre est porté par un bras mobile à l'aide duquel on peut le rapprocher ou l'éloigner à volonté du premier. Plus la distance entre les deux balais est grande, plus est courte la durée du contact simultané de ces deux balais avec le même segment et, par suite, plus est courte la durée de fermeture du circuit et plus est longue la durée d'ouverture de ce circuit pendant chaque période.

On peut, à l'aide de ces courants interrompus, de faible tension, produire différents effets physiologiques, tels que l'*inhibition cérébrale* (suppression de la conscience) ou le *sommeil électrique*.

Pour produire le sommeil électrique chez l'homme et les animaux, on place sur le front du sujet, entre les yeux, une électrode formée d'un tampon de coton imbibé d'une solution tiède de sel marin et recouvert d'une plaque d'étain de 3 à 4 millimètres d'épaisseur, que l'on assujettit à l'aide d'une bande élastique. On dispose une électrode semblable dans le dos du sujet, dans la région lombaire, à la hauteur des reins. On relie le pôle *positif* à l'électrode dorsale et le pôle *négatif* à l'électrode de la tête. On lance alors le courant interrompu 100 fois par seconde, passant pendant 1/10 de la période, c'est-à-dire pendant 1/1000 de seconde dans l'intervalle de chaque période. On augmente alors lentement la tension.

Les expériences ont été effectuées en premier lieu sur des animaux.

Dans la narcose électrique, comme dans la narcose du chloroforme ou de l'éther, on constate au début un état de surexcitation. Puis le sujet tombe dans un état d'inhibition cérébrale analogue à la narcose par le chloroforme. Il semble qu'on obtient une anesthésie ou insensibilité générale absolue. On peut exécuter une opération quelconque sur l'animal en expérimentation. Un accroissement subit de l'intensité du courant détermine la contraction des muscles vocaux et une gêne dans la respiration.

Si l'on applique le pôle positif non pas au dos mais à la nuque, la respiration se trouve moins influencée et les muscles sont plus relâchés, mais, par contre, le sommeil est moins profond.

Une certaine accoutumance semble se manifester. Aussi, pour supprimer de nouveau l'activité du cerveau, est-il nécessaire d'augmenter de temps à autre l'intensité du courant.

Si l'on coupe le courant, l'animal se réveille immédiatement. On constate qu'il est calme, doux et qu'il mange avec appétit.

Deux expériences ont été faites sur l'homme, sur le professeur Leduc lui-même. Dans les deux cas, on a réussi à endormir électriquement le sujet, mais sans obtenir la suppression complète de la conscience et de la sensibilité. Le courant interrompu avait une intensité de 4 milliampères sous une tension de 35 volts. Dans chacune des deux expériences successives, le professeur Leduc fut soumis à l'action du courant pendant une durée de vingt minutes. A l'ouverture du circuit, il se réveilla brusquement, sans ressentir aucun effet consécutif désagréable. Au contraire, il éprouva une sensation de bien-être et de force physique.

L'imperfection de la narcose obtenue dans ces deux expériences a été attribuée à la crainte qu'avaient les opérateurs en augmentant l'intensité du courant de supprimer la fonction des centres de la respiration, et, par suite, d'arrêter la respiration.

CHAPITRE II

ACCIDENTS PRODUITS PAR LES COURANTS ÉLECTRIQUES

Les accidents causés aux personnes par les courants électriques peuvent être classés dans deux catégories :

a) *Accidents indirects;*

b) *Accidents directs.*

a) **Accidents indirects.** — Lorsqu'on vient à toucher des corps conducteurs électrisés, l'on éprouve en général, si la tension est suffisamment élevée et si d'autres conditions, que nous considérerons plus tard, sont favorables, un choc ou une commotion.

Cette commotion, souvent inoffensive en elle-même, peut être la cause d'accidents plus ou moins graves, parfois fatals, si la personne qui a reçu cette commotion se trouve dans une position peu stable, par exemple si elle est montée sur une échelle. Dans ces conditions, elle peut, en effet, par un mouvement réflexe, perdre l'équilibre, tomber sur le sol, et, dans sa chute, se briser un membre ou même se tuer. C'est un accident produit indirectement par le courant électrique.

La chute peut déterminer des lésions internes. Un ouvrier étant monté sur un pylone métallique vint à toucher un conducteur à 10.000 volts qu'il ne croyait pas en charge. La violente commotion qu'il reçut le fit tomber d'une hauteur de 12 mètres sur le sol. Bientôt se déclara une péritonite qui l'emporta. Malgré la valeur élevée de la tension, il n'avait pas été électrocuté.

La première précaution qu'il convient de prendre afin d'éviter de tels accidents consiste à séparer de la source d'énergie, en ouvrant un interrupteur, en enlevant des fusibles, etc., la section sur laquelle le travail doit être effectué, de façon que les conducteurs ne soient pas sous tension. Dans le cas où un travail urgent doit être effectué sur des conducteurs ou autres pièces métalliques sans interrompre le courant, et si celui-ci est de tension faible ou modérée, c'est-à-dire non dangereux en lui-même, le travailleur doit se protéger contre une chute accidentelle en s'attachant au moyen d'une corde ou d'une ceinture de sûreté à l'échelle, au poteau, etc. En 1911, un ouvrier travaillant au sommet d'un poteau de ciment armé, toucha un conducteur à 10.000 volts qu'il croyait avoir isolé du réseau en charge. Il perdit l'équilibre, mais fut retenu par sa ceinture de sûreté, à laquelle il resta suspendu jusqu'à ce qu'on vint le délivrer. Il en fut quitte pour quelques brûlures aux mains.

On peut encore éviter ces commotions désagréables et capables de faire perdre l'équilibre en se munissant de gants de caoutchouc, de souliers de caoutchouc, en se plaçant sur une planche sèche, sur un tapis de caoutchouc ou sur un tabouret à pieds isolants, sur des planches posées sur des isolateurs.

b) **Accidents directs.** — Le courant électrique peut produire des brûlures par la fusion d'un plomb de coupe-circuit, par la flamme jaillissant à l'ouverture d'un interrupteur, par la volatilisation d'une pièce de métal par un court-circuit. Ces brûlures sont des accidents calorifiques ordinaires.

Les accidents directs les plus graves sont produits par le passage du courant à travers l'organisme.

Nous avons vu dans le chapitre précédent que le courant électrique est capable, dans certaines conditions, d'électrolyser le sang, de détruire les tissus, d'élever la température des organes qu'il traverse, de calciner les os aux articulations et, en agissant sur le système nerveux, de déterminer la rupture des vaisseaux sanguins, de paralyser la respiration et d'arrêter les battements du cœur. Du reste, l'asphyxie résultant de la paralysie de la respiration au bout d'un certain temps produit elle-même l'arrêt du cœur.

Une première question se pose : Quelle est la limite inférieure au-dessus de laquelle la tension commence à devenir dangereuse pour la vie humaine ?

Le Dr Jellineck, qui s'est particulièrement occupé d'électropathologie, a classé les tensions en trois catégories :

1° Tensions de 100 à 150 volts. Ces tensions doivent être maniées avec précaution.

2° Tensions supérieures à 200 volts. Elles doivent être considérées comme dangereuses.

3° Tensions supérieures à 500 volts. Ces tensions sont mortelles.

En réalité les données tirées de l'expérience ne permettent pas de définir exactement les conditions dans lesquelles le courant électrique est dangereux. Aucune généralisation ne peut être déduite avec certitude d'expériences pour prédire les résultats qu'on obtiendrait dans des conditions très différentes. Dans l'état actuel de nos connaissances, d'après les observations faites, on ne peut donner que des indications générales. Souvent même l'autopsie ne permet pas de conclure que la mort est due au courant électrique.

Tout d'abord il a été constaté que les femmes et les enfants sont plus sensibles aux chocs électriques que les hommes adultes.

L'alcoolisme, les maladies du cœur ou des reins prédisposent à l'électrocution. A l'Assemblée annuelle de la « International Association of Municipal Electricians » des Etats-Unis, en 1909, l'un des membres de cette Association a relaté le cas d'un homme tué par une commotion électrique. Cependant on ne put découvrir aucun défaut dans le réseau secondaire. A l'autopsie le médecin trouva que le cœur du sujet était dans un si mauvais état que même un soufflet sur la face eût peut-être suffi pour déterminer la mort.

Le trajet du courant à travers le corps joue un rôle important. Nous avons mentionné l'action du courant électrique sur le système nerveux. Le passage du courant à travers la tête est particulièrement dangereux en raison des nerfs qui aboutissent à l'encéphale. Dans les exécutions par l'électricité aux Etats-Unis, l'une des électrodes est appliquée à la tête du condamné.

On avait admis autrefois qu'un courant de 100 milliampères traversant le corps humain est dangereux, souvent mortel. La résistance du corps humain pouvant, dans certaines circonstances, tomber à 1.000 ohms, une tension de 100 volts pourrait donc être dangereuse.

Il est vraisemblable que le courant de 100 milliampères est une limite supérieure. Les expériences de Weber, que nous relatons plus loin, ainsi que celles de MM. Kennelly et Alexanderson, que nous avons décrites précédemment, font présumer que pour les fréquences industrielles actuellement usitées, un courant notablement inférieur à 100 milliampères est déjà dangereux pour l'homme.

Pour une tension donnée, l'intensité du courant étant en raison inverse de la résistance, le danger est d'autant plus grand que la résistance du corps est plus faible.

La résistance du corps humain, mesurée de main à main, est très variable suivant les sujets, avec l'épaisseur de la peau, avec l'état de siccité ou d'humidité de celle-ci.

On a trouvé pour la résistance de main à main sèches, des valeurs atteignant 50.000 ohms. D'après les expériences du Dr Kath, cette résistance peut, dans des cas tout à fait défavorables, tomber à 1.000 ohms. Ces différences dans la résistance du corps humain expliquent, au moins partiellement, des anomalies apparentes que l'on a constatées : c'est ainsi que des hommes ont été électrocutés par des tensions voisines de 100 volts, tandis que d'autres n'ont pas été tués par des tensions de plusieurs milliers de volts.

C'est la peau qui constitue la majeure partie de la résistance du corps humain. Si la peau est épaisse, calleuse, sèche, la résistance est élevée. Si la peau est fine, humide, la résistance est faible. Si l'on augmente la surface de contact entre la peau et les électrodes, on diminue la résistance.

C'est à cet effet que dans les exécutions de condamnés aux Etats-Unis on emploie des électrodes de grande surface, imbibées de liquide conducteur.

A l'usine génératrice des tramways de Roubaix, un ouvrier lavant un plancher avait par conséquent les semelles de ses souliers imprégnées d'eau impure et, par suite, se trouvait en bon contact avec la terre. Il vint à heurter un interrupteur à 500 volts par rapport à la terre et se blessa au bras. Le courant passa directement par le sang et l'ouvrier fut électrocuté.

Dans une usine d'Angleterre, un ouvrier nettoyant une chaudière encore très chaude saisit une lampe à incandescence dont la douille était en contact avec l'un des pôles d'une canalisation à 110 volts. Il fut électrocuté. L'autopsie de la victime ne fit découvrir aucune autre cause de la mort.

Les machines statiques et les bobines de Ruhmkorff, du moins celles de dimensions modérées, ne produisent pas d'accidents graves malgré la tension élevée qu'elles engendrent parce qu'elles ne peuvent fournir qu'un courant et une puissance très faibles en raison de leur énorme résistance.

La durée du contact du corps avec la source d'énergie joue un rôle important dans la gravité de l'accident, puisque la quantité d'énergie fournie au corps croît avec la durée du contact. Un contact court peut être sans conséquence, tandis que s'il se prolongeait, il pourrait produire des lésions très graves et même donner la mort. Dans un grand nombre d'accidents le sujet, par suite de la violente commotion qu'il reçoit, retire instantanément, par un mouvement réflexe, la partie du corps en contact avec le conducteur, de telle sorte que le contact est de très courte durée.

A Villefranche-sur-Saône, un homme en état d'ébriété ayant heurté sur la route mouillée par la pluie un conducteur de la distribution à courant continu de 120 volts s'embarrassa dans ce conducteur qui s'enroula autour de son corps. Malgré la faible valeur de la tension, le passant ayant les pieds sur le sol mouillé fut électrocuté. Dans ce cas, la mort a été déterminée probablement par la longue durée du passage du courant, la victime n'ayant pu se séparer du conducteur.

Un ouvrier, debout sur le sol humide, ayant saisi à pleine main l'une des bornes d'une génératrice à courant triphasé de 220 volts qui alimentait un réseau ayant une *terre* sur un conducteur relié à une autre borne ne pouvait plus lâcher la pièce métallique, sa main se trouvant crispée. Il eût été tué au bout de peu de temps si, grâce à une heureuse présence d'esprit, il n'avait eu l'idée de sauter sur une partie du sol voisine, isolée. Le courant qui traversait auparavant son corps se trouvant ainsi coupé, l'ouvrier put lâcher la borne de la machine et fut sauvé.

Le professeur Julius Kratter, de Gratz, à l'occasion d'un accident mortel survenu à Innsbruck le 19 mai 1892, s'est livré à des recherches expérimentales sur des animaux. Ces expériences ont été faites sur des souris blanches, des cochons de mer, des chiens et des chats, au moyen de courant alternatif de diverses tensions atteignant 2,000 volts.

Il tire de ces expériences les conclusions suivantes :

1° La plupart du temps, dans les expériences sur les animaux, la mort résulte de l'arrêt brusque de la respiration, qu'il appelle « arrêt primaire de la respiration », trouble de fonction qui, dans certains cas, persiste après la suppression de l'excitation et qui détermine alors la mort par asphyxie.

Si l'arrêt de la respiration se prolonge au delà d'un certain temps (environ deux minutes), il se produit, comme dans le cas de l'asphyxie mécanique, l'arrêt secondaire du cœur et, par suite, la mort.

Cependant il n'est pas rare que la respiration se rétablisse de nouveau spontanément et que l'animal recouvre complètement son état normal au bout de quelque temps. La nocivité du courant électrique semble dépendre de l'organisation du système nerveux et croître avec le développement du cerveau. Cette observation pourrait expliquer que les hommes sont tués presque sans exception par des tensions qui ne tuent pas sûrement des cochons de mer et des lapins, même lorsque les électrodes sont appliquées à la tête.

2° Parfois la commotion électrique détermine la mort d'une manière foudroyante par l'arrêt instantané des battements du cœur. On n'a jamais réussi à produire expérimentalement chez les animaux une paralysie progressive de l'activité du cœur.

En aucun cas il n'a été possible de découvrir une altération anatomique qui ait permis d'expliquer le mécanisme de la mort. Sans aucun doute, il s'agit d'altérations imperceptibles, probablement moléculaires, peut-être chimiques et non reconnaissables morphologiquement dans les cellules ganglionnaires du centre de la respiration et de la circulation.

3° Dans des cas particuliers, on constate des lésions mécaniques sous forme de déchirures des vaisseaux sanguins de la dure-mère et de la pie-mère et de contusions à la surface du cerveau. Il se forme des hématomes sous la dure-mère, ainsi que des hémorragies entre les méninges. C'est la compression du cerveau qui détermine la mort de l'animal, quelquefois après plusieurs heures.

4° On constate parfois des brûlures aux points de contact des électrodes ainsi que des épanchements sanguins qui indiquent le trajet du courant à travers le corps. Ces épanchements sanguins, dans certains cas seulement capillaires, se trouvent surtout aux ramifications des vaisseaux.

Le Dr Jellineck estime que la commotion électrique a tout d'abord une action psychique qui peut être assez forte pour déterminer la perte de conscience. Une personne recevant un choc électrique sans s'y attendre est exposée à être plus affectée que celle qui établirait le contact avec préméditation. Il a constaté que des lapins narcotisés sont tout à fait indemnes à une tension qui, dans les conditions ordinaires, les tuerait instantanément. Dans cet état de l'animal l'action psychique se trouve éliminée.

Dans une expérience un lapin ayant été électrocuté, les battements du cœur ont pu être rétablis après une demi-heure à l'aide de la même tension.

Le professeur Weber, de Zurich, a cherché à déterminer expérimentalement la limite inférieure au-dessus de laquelle la tension commence à devenir dangereuse pour la vie humaine.

Le professeur Weber a fait une étude expérimentale sur l'action physiologique des courants alternatifs à l'occasion d'un différend qui s'était élevé entre MM. Brown, Boveri et Cie et l'Administration suisse au sujet de la tension des courants triphasés pour tramways, la tension projetée de 750 volts étant considérée par l'Administration comme dangereuse. Le courant devait être distribué par deux fils de trolley aériens, les rails constituant le troisième conducteur du système triphasé.

Le professeur Weber considère les deux cas suivants :

1° Une personne saisit simultanément des deux mains les deux conducteurs nus.

2° Une personne se trouvant sur la voie ou sur la voiture touche l'un des conducteurs aériens.

Weber a fait ces expériences sur lui-même en augmentant progressivement la tension. La fréquence de la tension alternative était de 50 périodes par seconde.

Les bornes d'une bobine d'inductance composée de 630 spires étaient reliées aux deux conducteurs entre lesquels existait une tension de 210 volts. La bobine portait 20 dérivations en fil de cuivre nu de 6 millimètres de diamètre et de 10 centimètres de longueur, divisant ainsi la bobine en 21 intervalles de 30 spires correspondant chacun à 10 volts. On disposait donc de tensions croissant de 10 en 10 volts jusqu'à 210 volts.

Weber opéra tout d'abord en saisissant les deux conducteurs avec les mains mouillées, avec des tensions croissantes de 10 à 50 volts, puis avec les mains sèches, avec des tensions croissantes de 10 à 90 volts.

Avec les mains mouillées et une tension de 30 volts, les doigts, la main, le poignet, l'avant-bras et l'arrière-bras sont comme paralysés. Le sujet peut à peine remuer les doigts et tourner la main. Le bras étendu ne peut plus être fléchi; fléchi, il ne peut plus être étendu. De vives douleurs se font sentir dans les doigts, dans les mains et dans les bras. Cet état ne peut être supporté que pendant 5 à 10 secondes. On peut encore, en faisant appel à la volonté, lâcher les conducteurs. Le courant raversant le corps, de main à main, était de 0,012 à 0,015 ampère.

Lorsque, les mains étant mouillées, la tension était portée à 50 volts, à l'instant même où le contact était établi tous les muscles des doigts, des mains et des bras se trouvaient immédiatement paralysés d'une façon temporaire. Il y avait crispation, c'est-à-dire que les mains ne pouvaient plus être détachées des conducteurs malgré les plus grands efforts de volonté. La douleur était si vive que cet état ne pouvait être supporté que pendant 1 à 2 secondes. Ce temps était trop court pour permettre de mesurer le courant traversant le corps dans cette expérience.

Avec les mains sèches et la tension de 90 volts, les mains se trouvent immédiatement paralysées d'une façon temporaire dès que le contact est établi, et la douleur est tellement aiguë que le patient pousse involontairement des cris. Cet état ne pouvait être supporté plus de 1 à 2 secondes.

M. C. Brown a répété ces expériences avec une tension continue. Il a trouvé les mêmes résultats que le professeur Weber avec une tension double.

De ces expériences Weber conclut que le contact simultané des deux mains avec les deux pôles d'une source de courant alternatif est dangereux pour la vie humaine dès que la tension dépasse 100 volts. Dans ce dernier cas, si l'on saisissait avec les mains les conducteurs, on ne pourrait plus se détacher de ceux-ci par suite de la crispation et l'issue serait fatale si un secours immédiatement n'était pas apporté.

Dans une seconde série d'expériences, Weber a étudié l'action d'un courant alternatif de haute tension traversant le corps humain d'une main aux pieds. Se tenant debout sur le sol relié à l'un des pôles de la source, il toucha le second pôle. Afin de pouvoir augmenter graduellement la tension utilisée pour l'expérience, il monta 20 lampes à incandescence de 100 volts en série entre les deux conducteurs à 2.000 volts. Il pouvait ainsi faire croître la tension par gradin de 100 volts.

Dans une première expérience, l'expérimentateur se tenait sur le sol macadamisé rendu humide par la pluie tombée avant l'expérience. Weber touchant d'une main le conducteur put supporter 2.000 volts alternatifs presque sans douleur. Il éprouva seulement une très vive sensation de brûlure. En serrant le conducteur, il constata que les muscles des doigts tremblaient fortement.

Dans une seconde expérience, Weber se tenait sur un sol argileux rendu humide par la pluie tombée avant l'expérience et recouvert de poussier de charbon fin et bien mouillé. Il put supporter 1.300 volts. En touchant simplement le conducteur de la main il éprouva une sensation de brûlure semblable à celle que produirait le feu. Lorsqu'il serrait le conducteur, les doigts et la main éprouvaient immédiatement une paralysie temporaire, et il ne lui était plus possible de lâcher le fil.

Dans ces deux dernières expériences, ce sont les qualités isolantes des semelles de cuir sèches des souliers de l'expérimentateur qui lui ont permis de supporter les tensions élevées que nous venons de relater.

Weber déduit de ces expériences qu'un homme debout sur un sol humide, mais muni de souliers secs, peut toucher sans danger l'un des conducteurs aériens d'un chemin de fer à courant triphasé tant que la tension ne dépasse pas notablement 1.000 volts.

L'auteur a fait une expérience sur lui-même avec une tension continue, en posant un pied muni d'un soulier bien sec sur l'un des rails d'un tramway à contact superficiel, relié au pôle négatif de la dynamo, et en touchant en même temps avec un doigt un plot intentionnellement relié au pôle positif de la machine. Ce contact produisait une sensation à peine perceptible, quoique la tension fût de 500 volts. Dans cette expérience, c'est encore la semelle de cuir sèche qui constituait une bonne isolation contre la tension.

Mais il faut bien noter que les souliers perdent leurs qualités isolantes dès qu'ils sont mouillés et que, par suite, ils ne constituent plus une protection contre la tension.

Dans une installation de tramway à courant continu de 500 volts, dont le pôle négatif était à la terre, l'auteur, debout sur le sol fortement mouillé, avec des souliers humides, ayant touché involontairement le pôle positif, éprouva une commotion extrêmement violente. Dans ce cas, les souliers n'offraient plus de protection.

Dans une troisième expérience, l'auteur a constaté qu'en touchant même très légèrement avec les deux index secs deux des bagues d'un convertisseur à 150 volts, à la fréquence de 50 périodes par seconde, la douleur était assez vive pour ne permettre de maintenir le contact qu'à peine une seconde.

On a prétendu que les condamnés exécutés par l'électricité aux Etats-Unis n'étaient pas tués instantanément et pouvaient être ressuscités, et que la mort était produite par le bistouri du chirurgien pratiquant l'autopsie.

Les adversaires de l'emploi de l'électricité dans les exécutions de condamnés à mort prétendaient que l'électricité ne tuait pas les suppliciés, ou tout au moins ne les tuait qu'après un temps assez long, ce qui, à leur avis, rendait barbare ce mode d'exécution. Ensuite de la campagne entreprise contre cette méthode, la Cour de New-York délégua le Dr Augustin Goelet et le Dr A.-E. Kennelly pour assister à une exécution par l'électricité dans la prison « Sing Sing », le 28 janvier 1895.

Le condamné qui devait être exécuté était un nègre, David Hampton, jeune, trapu et robuste.

On employa un courant alternatif ayant une fréquence de 102 périodes par seconde. Les électrodes étaient constituées par de la toile métallique, de laiton, garnie d'éponge saturée d'une solution aqueuse de sel marin. L'électrode supérieure était montée dans un casque s'adaptant exactement sur la tête du condamné et muni d'une lanière le maintenant fortement en place. L'électrode inférieure consistait en un ruban de toile métallique analogue, d'environ 20 cm. × 7 cm., que l'on fixa sur la jambe gauche. Le condamné fut solidement attaché sur une chaise.

La génératrice à courant alternatif fut excitée de façon à donner 1.740 volts.

Le condamné fut introduit dans la salle d'exécution à 11 h. 19' 45". A 11 h. 20' 13", le courant fut lancé et l'ampèremètre indiqua une intensité à peu près constante de 8 ampères. Après quatre secondes, l'intensité fut réduite progressivement à 1,8 ampère. A 11 h. 20' 42", le courant fut ramené à 4 ampères, puis réduit à 1,3 ampère et enfin, à 11 h. 21' 10", le circuit fut ouvert.

Dès la fermeture du circuit, le corps du supplicié devint rigide, ses mains se contractèrent et se fermèrent fortement, ses lèvres s'agitèrent, mais aucun son ne se fit entendre. Le supplicié sembla n'éprouver aucune souffrance.

Après l'exécution, le corps fut étendu sur une table d'opération et soumis à l'autopsie. Les veines superficielles des extrémités, principalement celles des bras, étaient vides et aplaties. Une incision au scalpel montra que le sang était à peu près en totalité refoulé dans la partie supérieure du thorax et dans le cou. Le sang extravasé paraissait coagulé. Des incisions pratiquées dans l'abdomen et dans les jambes montrèrent que tout le sang avait été expulsé de ces parties. Par contre, lorsqu'on ouvrit la boîte cranienne, une grande quantité de sang se répandit, ce qui prouvait qu'il y avait eu une importante extravasion de sang dans la boîte cranienne et qu'il y avait eu rupture des vaisseaux sanguins du cerveau. Le sang était légèrement coagulé.

L'examen des poumons ne révéla rien d'anormal. Seule, une légère extravasion de sang s'était produite à la partie supérieure. Le sang retenu dans le cœur était noir. L'aorte abdominale était vide.

MM. Kennelly et Goelet conclurent de ces diverses observations que la mort avait été instantanée et sans souffrance.

La puissance dépensée dans le corps du supplicié a atteint pendant la première période 13,920 kilowatts, ou près de 19 chevaux électriques et l'énergie fournie pendant les quatre premières secondes était de 15,5 watt-heures ou 13 calories.

Dans cette électrocution la résistance des points de pénétration du courant a été réduite à une faible valeur par la grande surface de contact des électrodes humectant la peau d'eau salée. La résistance totale du circuit, au début, était égale à

$$\frac{1.740 \text{ volts}}{8 \text{ ampères}} = 217,5 \text{ ohms}.$$

Il n'est pas toujours nécessaire de toucher simultanément deux pôles différents d'une source d'énergie électrique pour recevoir une commotion.

Tout d'abord il peut exister une *terre* soit accidentelle, soit établie à dessein, en un point d'un réseau ou d'un appareil. C'est, en particulier, le cas d'une installation de tramways électriques dans laquelle l'un des pôles se trouve mis à la terre par les rails. Dans certains réseaux de distribution à trois fils ou à courant triphasé à quatre fils, le neutre est mis intentionnellement à la terre Une personne se trouvant sur le sol humide et venant à toucher l'un des pôles isolés serait traversée par un courant.

Considérons maintenant un réseau de distribution à courant continu à deux fils desservant, par exemple, 50.000 lampes. Si nous admettons que l'isolement de chacun des deux pôles par rapport à la terre est de 4 mégohms par lampe, l'isolement total de chaque pôle par rapport à la terre est seulement de

$$\frac{4 \times 10^6}{50.000} = 80 \text{ ohms},$$

c'est-à-dire est très faible par rapport à la résistance du corps humain. Dans ces conditions, un homme se trouvant sur un sol humide, avec les semelles de ses souliers mouillées, serait soumis sensiblement à la tension totale existant entre les deux pôles comme s'il touchait ces deux pôles respectivement par une main et par un pied. Nous avons déjà indiqué que des semelles de cuir bien sèches, sans clous, constituent une bonne isolation pour les tensions peu élevées.

L'humidité tend à être transportée du pôle positif au pôle négatif. Il en résulte que dans un réseau à courant continu le pôle négatif a toujours tendance à se mettre à la terre.

Dans une distribution à courant alternatif ou à courant triphasé, deux cas peuvent se présenter : le réseau secondaire de distribution est complètement isolé du sol, ou bien il est mis à la terre en un point tel que le neutre d'une distribution à courant alternatif à trois fils, ou le centre de l'étoile d'une distribution à courant triphasé à quatre fils.

Les réseaux secondaires de distribution à courant alternatif ou à courant triphasé sont toujours divisés en secteurs, alimentés chacun par un ou plusieurs transformateurs et de développement restreint. Il en résulte que, dans un réseau *isolé* et ne présentant aucun défaut, la résistance d'isolement de chaque conducteur par rapport à la terre est élevée, et que, par suite, une personne placée sur le sol humide et venant à toucher l'un des conducteurs ne dériverait en général à travers son corps, en raison de l'isolement imparfait, qu'un courant de très faible intensité.

Mais, dans le cas d'une distribution à courant alternatif ou à courant triphasé, un autre facteur intervient : c'est la capacité.

Considérons tout d'abord un secteur de distribution secondaire à courant triphasé, à 110 volts, à la fréquence de 50 périodes par seconde, composé de câbles armés à trois conducteurs de 150 millimètres carrés de section, ayant une longueur totale de 1 kilomètre. Dans un tel câble, la capacité kilométrique d'un toron par rapport au plomb est d'environ 0,5 microfarad. Si l'un des trois conducteurs était relié d'une façon parfaite à la terre, chacun des deux conducteurs isolés induirait dans le plomb un courant de charge :

$$I_c = 2\pi \times 50 \times 0,5 \times 10^{-6} \times 110 = 0,0173 \text{ ampère.}$$

Le courant qui traverserait la connexion à la terre pour se rendre au troisième conducteur aurait donc une intensité égale à la résultante, changée de signe, de deux courants égaux à 0,0173 ampère différant en phase d'un tiers de période. Ce courant serait donc égal à 0,0173 ampère.

Si c'est le corps d'une personne qui réalise la mise à la terre de l'un des trois conducteurs, la résistance correspondante empêche ce conducteur de prendre exactement le potentiel de la terre et le courant traversant le corps du sujet se trouve réduit à une valeur inférieure à celle que nous venons de calculer.

Considérons maintenant un réseau à courant triphasé, à haute tension, *parfaitement isolé de la terre*. Une personne se trouvant sur le sol et venant à toucher l'un quelconque des conducteurs de cette canalisation serait exposée à recevoir une violente commotion. Dans ces conditions, la personne en question établit une *terre* partielle sur le fil qu'elle touche au point où elle se trouve en contact avec le sol. Cette mise partielle à la terre du conducteur amène le potentiel de celui-ci, en ce point, à une valeur voisine du potentiel de la terre et modifie la distribution du potentiel dans l'ensemble du système. Si le réseau était à courant continu et parfaitement isolé de la terre en dehors du contact produit par le corps, la charge électrostatique emmagasinée par le potentiel dans la capacité d'un conducteur par rapport au sol s'écoulerait dans la terre par le corps du sujet, jusqu'à ce que le potentiel de ce fil devienne égal à celui de la terre. Mais la tension étant alternative, le corps de la personne en contact avec le fil sera parcouru par un courant alternatif produit par la décharge de ce conducteur à la terre.

Dans le cas d'un réseau à courant triphasé aérien, à la tension de 50.000 volts, à la fréquence de 50 périodes par seconde, et de 100 kilomètres de développement, le courant passant à la terre serait d'environ 15 ampères.

Considérons maintenant un transformateur dont l'enroulement primaire est relié aux deux conducteurs d'une ligne à courant alternatif à haute tension et dont l'enroulement secondaire donne une faible tension, 110 volts par exemple, c'est-à-dire une tension inoffensive.

Les enroulements primaire et secondaire de ce transformateur forment les armatures d'un condensateur. Si les deux conducteurs à haute tension sont parfaitement isolés de la terre, l'enroulement secondaire se trouvera constamment à un potentiel proportionnel à la moyenne des potentiels des divers points de l'enroulement primaire. Le potentiel de l'enroulement secondaire sera donc constamment nul, et il n'y aura aucun danger à toucher le secondaire.

Supposons maintenant que l'un des conducteurs de la ligne soit mis à la terre. Le potentiel de chaque point de l'enroulement primaire oscillera alors entre un maximum négatif et un maximum positif par rapport au potentiel de la terre. Le potentiel de l'enroulement secondaire sera, à chaque instant, proportionnel au potentiel moyen de l'enroulement primaire, c'est-à-dire à la moitié du potentiel de la borne isolée de la terre. Comme, d'autre part, l'enroulement secondaire et la masse du transformateur forment un second condensateur en série avec le premier, la différence de potentiel ci-dessus mentionnée se divisera entre les deux condensateurs en raison inverse de leurs capacités. Une personne venant à toucher le circuit secondaire serait donc, dans ce cas, exposée à recevoir une commotion.

Dans les laboratoires d'essais à haute tension des ateliers de construction électrique les accidents graves au personnel sont rares. Les machines, transformateurs ou autres appareils soumis aux essais sont en général bien isolés de la terre; le contact accidentel a lieu à peu près toujours par une seule main avec un pôle. La machine, le transformateur ou autre appareil n'a d'ordinaire qu'une faible capacité. Il résulte de ces différentes conditions que le courant traversant le corps du sujet n'a qu'une faible intensité.

CHAPITRE III

EXPÉRIENCES D'ÉLECTROCUTION DE CHEVAUX

Il a été soutenu que le cœur du cheval s'arrête facilement et que cet animal est particulièrement sensible au courant électrique. A la suite de cette affirmation, ainsi que d'observations peu approfondies, il a été admis d'une manière à peu près générale que les chevaux sont très exposés à être électrocutés par un contact électrique.

A la suite d'accidents survenus à des chevaux circulant sur des lignes à contact superficiel, à Paris, la Société qui avait construit ces lignes chargea le professeur Arloing, directeur de l'Ecole vétérinaire de Lyon, de faire une étude expérimentale de la question. L'exposé qui suit reproduit à peu près *in extenso* le rapport du professeur Arloing.

Les statistiques avaient montré que les accidents de chevaux circulant sur ces lignes de tramways à contact superficiel étaient plus fréquents par les journées pluvieuses ou humides que par les temps secs.

On choisit comme sujets d'expérience trois solipèdes : deux chevaux et un mulet.

On établit dans la cour de la Société un tronçon de voie de tramway de largeur normale de 1 m. 44 comprenant dans l'axe un plot de contact dont le tampon métallique, de 20 centimètres de diamètre, fut relié au pôle positif d'un réseau de tramway à courant continu, à 500 volts environ, le pôle négatif étant relié aux rails de la voie. Un plancher de bois, de 4 mètres de longueur et de 3 mètres de largeur, pouvait être placé tout autour du plot, de façon à affleurer les rails Ce plancher était destiné à remplacer le pavage de bois, sec, dans certaines expériences.

Il fut décidé que deux des sujets, les deux chevaux, seraient soumis à l'action du courant jusqu'à ce que mort s'ensuive, tandis que le troisième, le mulet, serait exposé au courant pendant un temps suffisamment court pour qu'il survécût et pût être mis en observation après cette épreuve.

On mouilla la surface du sol autour du plot et des rails et on vérifia, à l'aide du voltmètre que l'interrupteur étant fermé, la tension de 500 volts existait entre le plot positif d'une part et les rails ou un point quelconque du sol dans le voisinage, d'autre part.

Expérience I.

Le premier sujet soumis à l'expérience le 6 juillet 1901 était un cheval bai, vieux, maigre, d'une vigueur médiocre, pesant 385 kilogrammes. Les quatre pieds sont ferrés. Le sol est tassé et non mouillé.

Premier essai. — Le cheval est placé de la manière suivante : pied antérieur gauche sur le plot, pied postérieur droit sur un rail ; les deux autres pieds sur le sol.

On ferme l'interrupteur sur la source de courant à 500 volts. Aussitôt le cheval fait un léger saut des quatre membres et tombe en dehors du plot, la face droite sur le sol. En proie à une vive excitation, il se relève aussitôt malgré son état de faiblesse habituel, s'ébroue, rejette des excréments et exécute une série de respirations profondes. Les narines sont fortement dilatées. Les veines sous-cutanées sont gonflées par le sang, particulièrement à la face. Le cœur bat 32 fois par minute. Les bruits normaux sont bien timbrés.

Le calme renait en cinq minutes, après lesquelles le cheval parait en état normal.

Deuxième essai. — Le cheval est placé exactement de la même manière que dans l'essai précédent. On lance alors le courant de 500 volts. L'animal exécute un petit saut comme la première fois et tombe sur le sol. Un aide, muni d'un crochet fixé au bout d'un long manche de bois, ramène l'animal en travers de la voie. La face latérale gauche de la poitrine touche la surface du plot ; les membres postérieurs reposent sur le rail gauche, les membres antérieurs et la tête sur le rail droit.

Les différents groupes musculaires de l'animal sont secoués par des convulsions. Bientôt il se répand une odeur de poils brûlés provenant du contact de la face latérale gauche de la poitrine avec le plot. Les convulsions continuent, tantôt cloniques, tantôt toniques. Les naseaux sont dilatés, les côtes soulevées et immobiles.

Les globes oculaires, fortement rétractés au fond de l'orbite, sont presque entièrement recouverts par la paupière clignotante,

Enfin, les muscles se relâchent, les globes oculaires se découvrent, les lèvres des naseaux retombent, la bouche s'entrouve, l'urine s'échappe : le cheval est mort.

Il s'est écoulé trois minutes et demie depuis la fermeture du courant. On ouvre l'interrupteur. Au même moment, on observe une brusque secousse dans les divers groupes musculaires.

Pendant l'électrisation, la tension a oscillé entre 400 et 500 volts. Au moment où l'animal succombait et où la brûlure était intense au contact du plot, le courant était de 15 ampères.

Autopsie. — Elle est commencée dix minutes après la mort. Superficiellement, le cadavre ne présente rien d'anormal, sinon la brûlure siégeant à l'hypocondre gauche. Elle occupe une surface circulaire de 15 centimètres de diamètre, légèrement tuméfiée.

L'ablation de la peau ne montre pas de congestion particulière des petits vaisseaux sanguins sous-cutanés, excepté au niveau de la brûlure où l'on voit un piqueté hémorragique. En face de la partie brûlée les tissus sont encore à une haute température.

La section des veines sous-cutanées donne issue à du sang rouge groseille peu ou lentement coagulable, dont le sérum se sépare néanmoins avec une grande rapidité.

A l'ouverture de la poitrine, on constate que les effets de la brûlure se sont propagés à travers la paroi thoracique jusqu'au poumon. La plèvre est jaunâtre, brûlante au contact de la main, sur la largeur de trois espaces intercostaux. La portion du poumon correspondante est brûlante et sèche à la surface. Dans la profondeur, elle est violemment congestionnée. La congestion s'étend à une très grande partie de l'organe, notamment du côté de la face diaphragmatique.

Le poumon droit n'échappe pas à la congestion, surtout dans les deux tiers postérieurs, mais cette altération est moins marquée que dans le poumon gauche.

Sur les deux poumons, les lobules gorgés de sang se dessinent admirablement bien sous la plèvre. Enfin, on voit çà et là, dans la couche profonde de la séreuse, principalement à la surface des lobes antérieurs, des suffusions sanguines dont les plus larges ont le diamètre d'une pièce de 50 centimes.

Les cavités droites du cœur et les veines coronaires sont distendues et gorgées de sang. Tandis que le ventricule droit est mou, dépressible, le ventricule gauche est dur au toucher. L'endocarde n'offre rien de particulier.

L'abdomen étant ouvert, on est frappé de la distension des branches intestinales de la veine porte. Tous ces vaisseaux sont gorgés de sang.

Dans certains points, les parois de l'intestin grêle, assez fortement congestionnées, sont parcourues par de fines arborisations veineuses parfaitement dessinées. Une partie du côlon replié représente les mêmes modifications.

Le foie a été atteint par la brûlure dont l'action calorifique a traversé le poumon et le diaphragme; dans la portion atteinte, le foie est jaunâtre comme cuit et parsemé d'un piqueté hémorragique.

Le rein gauche a été touché aussi par la brûlure près de son extrémité antérieure. Le rein droit et la rate sont à l'état normal.

Le cerveau est légèrement congestionné à sa surface. Les ventricules latéraux renferment un peu de sérosité rougeâtre. Le corps strié du côté gauche est un peu plus vascularisé que celui du côté droit. D'une manière générale, le plancher du quatrième ventricule est congestionné à sa surface, surtout à la hauteur des noyaux gris voisins des origines des pneumogastriques.

EXPÉRIENCE II

Cette expérience a eu lieu le 9 juillet 1901. On met en place le plancher qui laisse saillir le plot et les rails.

Le deuxième sujet est un cheval blanc, âgé, maigre, pesant 370 kilogrammes. La température anale initiale de l'animal est 37° 4.

Premier essai. — A 7 h. 35 du matin le cheval est placé obliquement sur la voie, le pied antérieur gauche sur le plot, le pied postérieur gauche sur le rail correspondant, les deux autres pieds sur le plancher de bois, entre les rails.

A la fermeture du circuit, la tension étant de 515 volts, l'animal fait en saut, quitte le plot et tombe sur le côté droit. Il se relève seul rapidement, agité et inquiet; mais il ne tarde pas à recouvrer son calme primitif.

Deuxième essai. — A 7 h. 38 du matin, on recommence l'expérience exactement dans les mêmes conditions que dans le premier essai.

A la fermeture du circuit, la tension étant de 509 volts, le cheval tressaute sur ses membres et fuit en avant, tenant à demi soulevé le membre postérieur gauche par lequel est sorti le courant, ayant été posé sur le rail.

On assiste à une phase de trouble de courte durée pendant laquelle les veines superficielles du tronc et de la tête se gonflent et se dégonflent alternativement Le pouls est à 40 avec des intermittences. Le calme renaît peu à peu.

Troisième essai. — Le cheval est placé comme dans les deux essais précédents et on ferme le circuit à 500 volts. L'animal se projette en avant du plot, mais ne tombe pas; il tient le membre postérieur gauche relevé, le balance deux ou trois fois en arrière, puis le repose sur le sol. En somme, il est moins vivement impressionné que dans le second essai et beaucoup moins vivement que dans le premier. On dirait qu'il se fait une sorte d'accoutumance de l'organisme à ce genre de décharge électrique. On pressent que l'on n'arrivera pas à foudroyer l'animal dans ces conditions, où il ne touche au circuit que par deux pieds et où il interrompt si facilement ses relations avec le courant.

Quatrième essai. — On enlève alors le plancher de bois isolant et on mouille la surface du sol afin d'augmenter la conductibilité, ce que l'on vérifie à l'aide d'un voltmètre qui indique une tension d'environ 500 volts entre le plot et un point quelconque de la surface du sol dans le voisinage du plot et des rails.

Le cheval est placé sur la voie, le membre antérieur gauche reposant sur le plot; les autres reposent simplement sur la terre. On ferme le circuit. L'animal fléchit aussitôt des quatre membres, puis tombe sur le côté droit du tronc. On le ramène au contact du plot. Immédiatement, les quatre membres, ainsi que les muscles du tronc et du cou, entrent en convulsions toniques. Les globes oculaires, fortement rétractés dans les orbites, sont à demi découverts par la paupière clignotante, les naseaux sont fortement dilatés, la face est le siège d'un rictus prononcé.

Ces symptômes durent soixante à quatre-vingt secondes. Alors les convulsions recommencent; une sueur assez abondante apparait sur le tronc et sur la tête; une odeur de poils brûlés se répand autour de l'animal; enfin la mort s'ensuit cent dix secondes après la fermeture du circuit.

La température rectale est de 38°2 au lieu de 37°4 au début, mais l'animal a été exposé au soleil.

Le tableau suivant indique les variations de la tension et du courant pendant l'expérience.

HEURE matin	TENSION volts	COURANT ampères	OBSERVATIONS
7 h. 38′ 0″	500	0 à 4	L'aiguille de l'ampéremètre oscille de 0 à 4 ampères. Le cheval tombe et est maintenu sur le plot.
10″	450	5	
20″	—	5	
30″	—	5	
40″	—	7	
50″	450	7,5	
60″	—	8	
70″	450	7,5	On perçoit l'odeur de roussi.
80″	—	8	
90″	—	8	
100″	450	9,0	
110″	475	10	
2 minutes	—	—	Mort. Sueur abondante.

Autopsie. — Elle est pratiquée sept heures et demie après la mort, par une journée très chaude et orageuse. La putréfaction ne s'est pas développée plus vite que de coutume. L'abdomen est modérément distendu. La brûlure a laissé des traces presque insignifiantes sur la peau. Mais en enlevant cette membrane, on s'aperçoit que la région correspondante a été soumise à une haute température. Le tissu élastique qui recouvre le muscle grand oblique et ce muscle lui-même sont plus secs et plus consistants qu'à l'état normal. Toutefois, l'action de la chaleur n'a pas dépassé l'épaisseur du muscle. Du côté de la brûlure, c'est-à-dire du côté droit, il existe une fine vascularisation du tissu conjonctif s'étendant jusqu'à la surface du muscle grand dentelé, au-dessous de l'épaule. La même vascularisation n'existe pas du côté opposé.

Les deux poumons, et particulièrement le droit, sont congestionnés dans toute leur étendue. Les espaces interlobulaires tranchent vivement sur la couleur des lobules, forment un dessin polygonal très visible à la surface de la plèvre. On aperçoit des taches sanguines comme pétéchiales disséminées sous la plèvre, des deux côtés, notamment dans la région des lobules antérieurs.

Le cœur n'offre rien à signaler.

La muqueuse de la trachée et du larynx est un peu congestionnée.

On constate sur les intestins : côlon, cæcum, intestin grêle, des taches sanguines, suffusions sanguines, arborisations sanguines.

L'examen du cerveau révèle une légère congestion du plancher du quatrième ventricule.

En résumé, les lésions les plus importantes portaient sur le poumon et sur l'intestin.

Expérience III

Dans cette expérience (9 juillet 1901), on se propose de soumettre un animal au courant pendant un temps court, soit vingt secondes, afin de le conserver vivant et d'étudier les effets consécutifs de l'électrisation.

Le troisième sujet est un mulet âgé, de 230 kilogrammes. La température initiale est de 39 degrés, température élevée étant donné que l'animal a été maintenu à l'ombre en attendant l'expérience.

Le mulet est placé sur la voie, le pied antérieur droit sur le plot, le postérieur gauche sur un rail, les deux autres sur le sol humide.

Lorsqu'on ferme le circuit, le mulet soulève le pied posé sur le rail, tombe en travers de la voie et s'échappe. On le ramène sur le plot et on le maintient, le côté droit de la poitrine en contact avec le plot. Après vingt secondes, on interrompt le courant et on laisse le sujet se remettre. La sueur est abondante.

Pendant toute l'expérience, la tension s'est maintenue à 500 volts et le courant a été sensiblement nul, trop faible pour être indiqué par l'ampèremètre.

Pendant l'électrisation l'animal présente les convulsions toniques observées sur les chevaux. Cependant les globes oculaires sont moins fortement rétractés dans les orbites. A la rupture du circuit les muscles se relâchent avec assez de lenteur. A ce moment on compte 32 respirations et 102 pulsations par minute. Le cœur bat tumultueusement. Les veines sous-cutanées sont fortement injectées. La sueur perle sur tout le corps et coule même à la face interne des cuisses.

Épuisé par ces ébranlements le mulet reste étendu sur le sol pendant cinq minutes. La température anale est alors de 38°8. Ensuite, il fait des efforts pour se relever; on l'aide légèrement, et il se met debout sur ses quatre membres.

Le cœur et la respiration se calment graduellement. Au bout de dix minutes le pouls est à 88, la respiration à 24. Après quinze minutes, la température est toujours 38°8. Au bout de vingt minutes, le pouls est à 84, la respiration à 22. La sudation a disparu. Le mulet paraît complètement remis; il est conduit à l'École Vétérinaire, distante d'environ 6 kilomètres et demi, distance qu'il franchit avec facilité. Mis en observation, il ne montre pas grand appétit, mais diffère peu de l'état antérieur. En trois ou quatre jours, il a repris son état normal. Pendant ce laps de temps on n'a relevé aucun trouble important des grandes fonctions. Après huit jours, il meurt de la morve.

D'après les expériences relatées ci-dessus, les courants à 500 volts ne détermineraient la mort immédiate d'un cheval qu'à la condition de traverser l'organisme de l'animal pendant un temps assez long, soixante à quatre-vingt secondes.

Pour que le courant passe pendant ce temps il faut qu'un point du corps du cheval reste au contact d'un conducteur électrisé. Or, comme le cheval qui tombe sous l'influence du courant est agité de convulsions, il doit échapper aisément aux conséquences mortelles de cette chute, pour peu que l'homme conduisant l'animal comprenne l'utilité de supprimer le contact avec le plot dangereux, à moins que le cheval ne soit immobilisé sur place par le poids d'un lourd véhicule, par le voisinage d'un compagnon de trait ou de toute autre cause accidentelle insurmontable.

Le danger dû à un plot ou autre conducteur électrisé augmente si le sol avoisinant est humide et par suite conducteur, surtout si le sol est recouvert d'eau salée. Un pavage de bois sec réduit le danger au minimum.

On a observé plusieurs accidents survenus à des chevaux attelés en flèche qui se sont fait électriser en passant sur un plot défectueux de tramway à contact superficiel. Si c'est le cheval attelé en avant, en dehors des brancards qui reçoit la commotion, il peut tomber à terre; mais, étant libre, il peut aisément se séparer du plot et, par conséquent, risque peu d'être électrocuté. Si, au contraire, c'est le cheval attelé entre les brancards, qui tombe sous l'influence de la commotion électrique, il se trouve gêné dans les mouvements qu'il fait pour se séparer du plot électrisé avec lequel il est fort exposé à rester en contact. On a, en effet, constaté des cas fréquents d'électrocution de chevaux attelés entre les brancards, tandis que les chevaux attelés en tête sont généralement épargnés.

Voici un exemple de ce genre d'accident survenu le 22 septembre 1902, à Lorient. Une voiture contenant plusieurs personnes, attelée de deux chevaux, circulait sur une voie de tramway à contact superficiel à 500 volts. En passant sur un plot, l'un des chevaux tombe. Il cherche à plusieurs reprises à se relever, mais chaque fois empêché par son compagnon de se dégager, il retombe sur le plot électrisé. Il reste plusieurs minutes couché sur le plot et sur un rail et est électrocuté. C'était un cheval âgé. Un vétérinaire fit l'autopsie et constata de nombreuses brûlures à la cuisse et à la nuque. Les veines de l'intestin étaient altérées. Une hémorragie nasale s'était déclarée. L'autre cheval aussi avait reçu des commotions, car il tremblait encore le lendemain; mais il s'est complètement rétabli.

Nous avons cependant noté quelques exemples d'accidents dans lesquels des chevaux ont été électrocutés après avoir été soumis à une action du courant de courte durée.

A Lorient, le 9 novembre 1902, un cheval passant sur un plot défectueux de la voie de tramway à contact superficiel à 500 volts fut électrocuté presque immédiatement.

L'autopsie révéla des traces indiscutables d'électrocution.

Une demi-heure plus tard, un autre cheval tomba sur un plot situé à faible distance du précédent et fut électrocuté presque instantanément. Le cheval fut retiré à peu près immédiatement en dehors de la voie, mais il était déjà mort. Le plot de contact superficiel était défectueux; le tampon était sous tension. Le sol était recouvert de boue mouillée et le contact entre le corps du cheval, le tampon et les rails étaient très bon.

Le 4 juin 1910, dans les environs de Lyon, une voiture de charbon attelée de deux chevaux en flèche, dont l'un entre brancards, passa sur un fil de ligne à courant triphasé tombé à terre. La tension entre chacun des trois conducteurs principaux et le neutre *mis à la terre* était de 120 volts à la fréquence de 50 périodes par seconde. Le cheval attelé en tête passa sur le fil, fit un bond et n'eut aucun mal. Le second, attelé entre les brancards tomba sur le fil et fut électrocuté. Le sol était fortement mouillé.

Le 23 février 1914, dans une localité voisine de Lyon, à la suite d'un ouragan, l'un des isolateurs d'un poteau de ciment armé portant un interrupteur aérien de ligne à courant triphasé de 10.000 volts, à la fréquence de 50 périodes par seconde, fut brisé. Les ferrures de l'interrupteur étaient mises à la terre, mais le terrain étant rocheux, cette *terre* était médiocre et le sol se trouva électrisé tout autour du poteau, de telle sorte que les personnes qui passaient dans le voisinage de ce poteau éprouvaient de fortes commotions. Un cheval attelé à une voiture passant près du poteau, tomba mort. Le vétérinaire qui pratiqua l'autopsie déclara que le cheval n'avait aucune maladie qui le prédisposât à une mort subite.

CHAPITRE IV

EXEMPLES ET STATISTIQUES D'ACCIDENTS

I. Exemples d'accidents.

ACCIDENTS MORTELS DANS UN ÉTABLISSEMENT DE BAINS. — L'établissement de bains de Fulham, à Londres, en 1902, époque à laquelle se sont produits les accidents que nous relatons, était éclairé par courant alternatif de 200 volts. Les baignoires de faïence portaient au fond une bonde de vidange reliée à un tuyau métallique commun à toutes les baignoires. Les cabines étaient séparées les unes des autres par des cloisons d'ardoise émaillée d'environ 2 mètres de hauteur, garnies à la partie supérieure d'un fer à U galvanisé portant les supports des lampes à incandescence.

Le courant à 200 volts était amené aux lampes au moyen de fils isolés, logés dans un tube de fer fixé de distance en distance au fer à U.

Tout à coup un baigneur se mit à pousser des cris. Le surveillant, attiré par ces cris, coupa le circuit, mais il était trop tard; il trouva le baigneur mort. Celui-ci, étant debout dans la baignoire, les pieds dans l'eau, et par conséquent en contact excellent avec la terre, avait touché de la main le fer à U.

On constata que l'un des fils d'amenée du courant avait un contact avec le tube de fer et, par suite, était relié au fer à U, tandis que l'autre pôle était partiellement à la terre, de telle sorte que le corps du baigneur shuntait les deux pôles à travers la terre partielle. Sa main se trouvant crispée par suite de la paralysie, ou tétanos musculaire, engendré par les commotions fréquentes du courant alternatif à 200 volts n'a pas pu lâcher prise.

Une heure plus tard on trouva un second baigneur qui, entendant les cris poussés par le premier, était monté sur sa baignoire pour voir par-dessus la cloison ce qui se passait, et avait été tué dans les mêmes conditions.

Ces deux baigneurs étaient âgés de trente-huit et vingt-trois ans.

La mise à la terre du tube de fer et du fer à U aurait naturellement évité ces deux accidents.

Accident aux mines de houille de Carmaux. — En octobre 1897, un ouvrier a été électrocuté dans une galerie en touchant l'un des conducteurs aériens nus de la distribution à courant triphasé de 240 volts, à la fréquence de 50 périodes par seconde.

En Suisse, en 1903, un ouvrier se tenant sur un bloc de béton humide toucha l'un des fils d'une canalisation à courant triphasé de 130 volts ; il fut électrocuté. L'autopsie montra que la victime n'était atteinte d'aucune maladie.

En Allemagne, en 1905, un ouvrier saisissant une perceuse à main fonctionnant par courant triphasé de 220 volts fut électrocuté. On constata que les poignées de la machine étaient mal isolées.

A Grünberg, Silésie, en 1905, un ouvrier, âgé de quarante-trois ans, tenant à la main une lampe portative alimentée par un courant alternatif de 120 volts pour nettoyer une chaudière fut électrocuté. Ses mains et ses vêtements étaient mouillés par la transpiration. Il avait touché la douille de la lampe. Le primaire était à 10.000 volts.

En 1905, un ouvrier s'est fait électrocuter en touchant un moteur à courant triphasé à 190 volts mal isolé.

Il est possible que plusieurs de ces accidents aient eu pour cause un contact entre le circuit à haute tension et celui à basse tension.

En septembre 1908, à Marseille, un ouvrier était occupé à réparer une toiture de tôle ondulée sur charpente métallique. Une canalisation en fils nus, à courant triphasé de 190 volts, à la fréquence de 25 périodes par seconde, passait à environ 1 mètre au-dessus de cette toiture. L'ouvrier a été trouvé électrocuté, portant au front une brûlure légère d'environ 1 centimètre de largeur. Il est à présumer que la victime avait voulu passer, en se baissant, sous le fil inférieur qu'il a heurté du front. L'ouvrier était chaussé d'espadrilles humides. Le courant avait passé de la tête aux pieds. On pratiqua sur la victime la respiration artificielle et la traction rythmée de la langue, mais on ne réussit pas à la ranimer.

Aux États-Unis, on a enregistré un assez grand nombre d'accidents, pour la plupart mortels, dont ont été victimes des personnes touchant une douille de lampe, un interrupteur ou un moteur reliés à un réseau secondaire ayant un contact avec le primaire. Ce contact a lieu soit entre canalisations primaire et secondaire portées par les mêmes poteaux, soit entre les deux enroulements d'un transformateur.

Dans une ville des États-Unis, une fillette portait dans ses bras un petit enfant, lorsque celui-ci vint à toucher une douille défectueuse de lampe. La fillette fut électrocutée tandis que le petit enfant n'eut aucun mal. On constata qu'il y avait un défaut d'isolement entre les deux enroulements du transformateur et que la connexion du secondaire du transformateur avec la terre avait été oubliée.

En 1908 on a enregistré aux États-Unis une trentaine d'accidents mortels dans des établissements de bains. On a reconnu tantôt un contact entre les canalisations à haute tension et à basse tension, tantôt une communication par perforation de l'isolant entre les enroulements primaire et secondaire d'un transformateur.

Dans une usine électrique des environs de Lyon un ouvrier était occupé à passer un chiffon sur le collecteur d'un moteur à courant continu à haute tension. Cet ouvrier était parfaitement isolé de la terre par un épais massif d'asphalte. Pendant ce travail, il fut heurté à la tête par le crochet du pont roulant et fut électrocuté instantanément. La victime portait une forte brûlure à une joue.

A la même usine, en 1909, un monteur réparait un transformateur à courant triphasé de 26.000 volts, 10.000 volts, 50 périodes par seconde. Sa tête se trouvait près des bornes à 26.000 volts lorsqu'on vint, par erreur, lancer le courant sur ce transformateur. Un arc jaillit d'une borne au front de l'ouvrier, brûlant le lorgnon qu'il portait. Il reçut de fortes brûlures à la face et mourut peu après l'accident à l'hôpital, après avoir repris suffisamment connaissance pour reconnaître son père.

Un grand nombre d'accidents ont pour cause l'ignorance dans laquelle se trouvent les victimes de ce que les conducteurs sont sous tension.

En 1910, dans une usine électrique de Lyon, un maçon ayant, pour faciliter son travail, enlevé une planche placée comme barrière provisoire devant une alvéole d'arrivée de feeder à courant triphasé de 10.000 volts, toucha, probablement de sa manche, l'un des pôles et fut projeté à la renverse. L'un de ses bras portait des brûlures. Il était chaussé de souliers ferrés de gros clous ; le sol était dallé en ciment. La plante des pieds présentait des brûlures correspondant aux clous des chaussures.

En 1911, dans les environs de Lyon, un ouvrier monte sur un poteau de ciment armé portant une ligne à courant triphasé à 10.000 volts qu'il croyait, à tort, isolée de la source. Un contact avec l'un des conducteurs lui fait perdre l'équilibre ; il tombe à terre et se casse une jambe.

La même année, dans les mêmes conditions, un autre ouvrier tombe d'un pylône, d'une hauteur de 12 mètres, et meurt d'une péritonite déterminée par la violence du choc du corps sur le sol.

Encore la même année, un ouvrier monte sur un poteau de ciment armé portant un interrupteur aérien de ligne à courant triphasé de 10.000 volts, laquelle n'était en charge que d'un côté du poteau. L'ouvrier s'embarrasse dans les connexions en fil nu de l'interrupteur reliées au côté de la ligne en charge. Un camarade entendant ses cris court à l'interrupteur le plus proche et coupe le circuit. Malheureusement cette manœuvre avait exigé un temps assez long pendant lequel l'ouvrier a été soumis à l'action du courant qui avait produit de fortes brûlures. La victime meurt à l'hôpital douze heures après l'accident.

Le 23 juillet 1911, pendant un violent orage, un coup de foudre perfore un isolateur de verre portant un fil de cuivre de 40 millimètres carrés de section d'une ligne à courant triphasé de 10.000 volts, 50 périodes par seconde, sur poteaux de ciment armé. Le fil est coupé et tombe à terre. Un voisin apercevant les étincelles qui jaillissent entre le fil et le sol et craignant que ces étincelles ne communiquent le feu à sa haie, accourt avec un balai pour écarter le fil; malheureusement il tombe sur ce conducteur et est trouvé quelque temps après dans cette position, en partie carbonisé. Plusieurs heures après l'accident on voyait encore sur le sol des tâches noirâtres qui indiquaient la place où les vêtements et le corps de la victime avaient brûlé.

Le 30 juillet 1911, dans une fabrique de limonade, à Lyon, un ouvrier était occupé à la mise en bouteille, lorsqu'un fil de l'installation d'éclairage se détacha et vint frapper l'ouvrier dans la bouche. Le malheureux fut électrocuté instantanément. Le réseau de distribution, à courant triphasé, était à quatre fils, à la tension de 208 volts entre bornes et 120 volts entre chaque borne et le centre de l'étoile, celui-ci étant mis à la terre. La fréquence était de 50 périodes par seconde.

Le 17 novembre 1911, un chef d'équipe de montage de lignes aériennes, Angelo Latrua, voulut terminer seul, pendant que ses camarades étaient à déjeûner, le dressage d'un poteau de ciment armé, déjà soulevé, dans le voisinage immédiat d'une ligne à courant triphasé, à 10.000 volts, 50 périodes par seconde, sans prendre la précaution de couper le courant sur cette ligne. Il se servait, pour ce travail, d'un presson.

Les ouvriers, revenant de déjeûner, trouvèrent leur chef d'équipe étendu à terre. Pendant la manœuvre, le poteau était venu toucher l'un des fils à haute tension; Latrua tenait à pleines mains le presson et se trouvant sur le sol mouillé, avait reçu une commotion très violente. A l'arrivée des ouvriers, il commençait à se remettre. Il portait des brûlures aux mains et aux pieds. Ses hommes le transportèrent dans un hospice voisin où il fut pansé, puis le conduisirent à son domicile.

Une réparation devait être faite à une ligne à courant triphasé à 10.000 volts qui alimentait un *moteur synchrone* venant en aide à une turbine. A cet effet, on coupa la ligne à l'usine génératrice un dimanche à midi. Mais les communications téléphoniques étant interrompues à cette heure, on ne put demander à l'abonné, situé dans une localité voisine, d'isoler son moteur synchrone. Malgré cette circonstance rendant la ligne dangereuse, l'ingénieur commit la grande imprudence de faire monter un ouvrier sur un pylône pour effectuer la réparation projetée. L'ouvrier ayant touché l'un des fils de ligne reçut une violente commotion, mais resta attaché au pylône. En raison de l'éloignement du moteur synchrone et de l'absence de communication téléphonique, il fallut un temps assez long pour couper le courant, temps pendant lequel la victime brûla sur le pylône.

Le tribunal ayant établi la preuve que l'ingénieur n'ignorait pas le fonctionnement du moteur synchrone le condamna à deux mois de prison avec sursis.

II. Statistiques d'accidents.

1° *Accidents en Allemagne.*

Accidents dans les mines allemandes en 1904 et 1905. — En 1904, il y a eu 14 accidents dans les mines. En 1905, on a enregistré 36 accidents, dont ont été victimes des monteurs, des conducteurs de machines ou d'autres ouvriers, et dont 15 ont été mortels.

L'augmentation du nombre d'accidents en 1905 est due au développement des installations à haute tension. Parmi les 15 électrocutés, 14 ont été tués sur-le-champ par suite d'un contact entre leur corps et des conducteurs ou des bornes ; un seul a survécu quelques minutes.

Les 21 autres personnes ont été blessées plus ou moins grièvement par des étincelles ou des arcs, la plupart à la main droite. Quelques-unes ont eu des doigts endommagés, mais aucune n'a été atteinte d'incapacité de travail.

Le tableau ci-contre indique la répartition des 36 accidents de 1905, d'après les conditions dans lesquelles ils se sont produits :

Pendant les deux années 1904 et 1905, dans l'exploitation normale, on n'a pas enregistré de cas mortel, mais seulement des blessures, principalement des brûlures passagères produites, pour la plupart, par le fonctionnement défectueux d'interrupteurs.

Ce sont les réparations, les modifications et les vérifications qui se sont manifestées comme étant les plus dangereuses. Elles ont donné lieu à 42 pour 100 de la totalité des accidents et à 60 pour 100 des cas mortels. Ces accidents ont eu le plus souvent pour cause un oubli ; des monteurs ont touché des interrupteurs, des bornes, etc , sous tension, croyant avoir coupé le circuit.

Un ouvrier a été électrocuté en saisissant le câble métallique de suspension d'une lampe à arc, fonctionnant mal, sur un réseau à courant triphasé de 500 volts.

Dans un autre cas, l'appareil dont le contact avait été fatal possédait une connexion à la terre, qui était devenue mauvaise.

On a enregistré plusieurs cas dans lesquels le contact du corps avec l'un des conducteurs d'une canalisation à courant alternatif ou à courant

N° D'ORDRE	CONDITIONS DE L'ACCIDENT	NOMBRE DE PERSONNES		
		blessées	tuées	TOTAL
1	En exploitation normale . . .	10	—	10
2	Dans les travaux de réparation, de modification, de vérification.	6	9	15
3	Par malveillance ou par présence dans des locaux à haute tension dont l'accès était interdit . .	2	3	5
4	Par contact accidentel avec des bornes ou des conducteurs par suite d'un faux pas, d'une glissade.	3	2	5
5	Par imprudence	—	1	1
		21	15	36

triphasé de 500 volts a causé la mort instantanée. Dans un cas, le contact avec un seul des conducteurs d'une canalisation à courant triphasé de 230 volts a déterminé la mort instantanément.

Un ouvrier a été tué (n° 5) par le contact de sa joue avec un conducteur amenant un courant continu de 220 volts à une locomotive. L'ouvrier était debout sur le sol mouillé, avec des souliers humides. La mort n'a pas été instantanée et il eût été possible de rappeler la victime à la vie si on lui eût porté secours en temps utile.

Accidents dans les mines et les usines métallurgiques de la Haute Silésie, de la Prusse et de la Sarre. — En 1909, les mines et les usines métallurgiques de la Haute Silésie comptaient 180.000 ouvriers, 4.750 moteurs électriques représentant une puissance totale de 155.700 HP,

7.300 lampes à arc, 95.000 lampes à incandescence. Le tableau ci-après donne la liste des accidents survenus dans cette province pendant cinq années, de 1903 à 1908 Sur les 32 accidents, 17 sont imputables à l'imprudence ou à l'inattention des victimes, 4 sont dus à la faute de personnes étrangères ou à l'insuffisance des prescriptions, 11 à des causes fortuites ou indéterminées.

PROVINCE	NATURE de l'accident	NOMBRE total	NATURE DU COURANT				
			Courant continu		Courant alternatif		
			Au-dessous de 250 V.	Au-dessus de 250 V.	Au-dessous de 250 V.	Au-dessus de 250 V.	Tension inconnue
Haute-Silésie de 1903 à 1908	Morts	25	0	1	3	21	—
	Blessures . . .	7	1	0	0	6	—
	TOTAL. . .	32	1	1	3	27	—
Prusse 1908	Morts	16	1	0	2	11	2
	Blessures . . .	10	0	0	3	7	—
	TOTAL. . .	26	1	0	5	18	2
Saxe de 1895 à 1909	Morts	9	0	3	0	6	—
	Blessures . . .	10	0	2	0	8	—
	TOTAL. . .	19	0	5	0	14	—

Il ressort des nombres inscrits dans le tableau que le courant alternatif a produit plus d'accidents que le courant continu, que la haute tension a également donné lieu à plus d'accidents que la basse tension, quoiqu'on ait enregistré des cas mortels à 120 et 220 volts et, par contre, de simples brûlures à 3.000 et à 6.000 volts. La plupart des accidents mortels sont dus au courant alternatif de 500 volts. Cette dernière tension est la plus répandue dans les industries considérées. Les installations, la plupart anciennes, laissent à désirer. De plus, le grand nombre d'accidents par courant alternatif de 500 volts est imputable partiellement à l'opinion très répandue que la tension de 500 volts est encore sans danger.

En Prusse, en 1908, on a enregistré 26 accidents, dont 15 sont dus à l'imprudence des victimes, 8 à des défauts dans les installations, à l'insuffisance des prescriptions ou à la faute de tiers. Trois cas sont incomplètement expliqués.

En Saxe, de 1895 à 1909, on a constaté 19 accidents, dont 9 cas mortels et 10 personnes blessées. L'un de ces accidents est dû à l'imprudence, 14 sont dus à des défauts dans les installations, à l'insuffisance des prescriptions ou à la faute de tiers, 4 à des causes fortuites ou mal expliquées.

Les tableaux ci-après indiquent la nature, le nombre d'accidents et la nature du courant qui les a produits en Haute Silésie, pendant les années 1910 et 1911.

Année 1910

NATURE de l'accident	NOMBRE total d'accidents	NATURE DU COURANT	
		continu	triphasé 500 à 6.000 volts
Cas mortels. .	6	— —	2 à 500 V. 1 à 1.000 V. 2 à 5.000 V. 1 à 6.000 V.
Blessures . .	8	1 à 220 V. 1 à 120 V.	4 à 3.000 V. 2 à 6.000 V.
TOTAL. . .	14	2	12

Année 1911

NATURE de l'accident	NOMBRE total d'accidents	NATURE DU COURANT		
		continu	alternatif	
			500 V.	1.000 à 6.000 V.
Cas mortels. .	9	1	2	6
Blessures . .	11	—	3	8
TOTAL. . .	20	1	5	14

Pour l'année 1911, l'un des cas mortels est dû à la malveillance ; 15 ont eu pour cause l'erreur, l'inattention, la négligence ou la légèreté des personnes atteintes ; 4 ont été produits par un concours malheureux de circonstances.

Accidents en Allemagne pendant l'année 1911. — On a enregistré, en 1911, 60 accidents répartis de la manière suivante :

Par court-circuit dans des installations de moteurs.	3
— contact avec des conducteurs à haute tension. .	50
— imprudence.	1
— chute de conducteur.	2
— ascension de poteaux et d'arbres	4
Total.	60

Ces accidents comprennent 4 cas de dégâts matériels.

Ils se répartissent, d'après la nature des personnes atteintes et d'après la gravité, comme suit :

Dégâts matériels peu importants	2
— — importants.	2

Personnes étrangères au service :

Blessées légèrement	3
— grièvement	6
Tuées	23

Professionnels :

Blessés légèrement	3
— grièvement	6
Tués	15

Accidents en Allemagne pendant l'année 1912 :

Par court-circuit	31
— contact avec des conducteurs.	57
— imprudence.	66
— chute de conducteurs	5
— cause inconnue.	18
Total.	177

Dans des appartements	2
— des locaux d'affaires.	6
— des usines électriques	46
— des usines industrielles	37
— des édifices publics.	6
— des hôtels.	2
— des théâtres ou des expositions.	5

Dans des gares et sur des chemins de fer.	2
A l'extérieur et sur des voies publiques.	71
TOTAL.	177

37 de ces accidents ont causé des dégâts matériels.

Personnes étrangères au service :

Blessées légèrement	12
— grièvement	33
Tuées	58

Personnes du service :

Blessées légèrement	2
— grièvement	22
Tuées	50

Suicides :

1 personne étrangère au service blessée grièvement ;
1 — étrangère au service tuée ;
2 personnes du service tuées.

2° *Accidents en Autriche en 1907.*

Pendant l'année 1907, on a enregistré en Autriche 65 accidents, dont 11 mortels ; 53 de ces accidents ont frappé le personnel d'exploitation des diverses industries, mines, forges, fonderies, usines électriques, fabriques et ateliers divers, tandis que les 12 autres ont atteint le personnel auxiliaire.

Parmi les 11 accidents fatals 10 ont eu pour cause le contact avec des conducteurs ou appareils sous tension et se répartissent, d'après la nature et la tension du courant, comme suit :

NUMÉRO d'ordre	NATURE ET TENSION DU COURANT	NOMBRE de personnes tuées
1	Courant triphasé de 220 volts	1
2	Courant triphasé de 300 volts	3
3	Courant alternatif et courant triphasé de 480 à 550 volts.	4
4	Courant alternatif et courant triphasé au-dessus de 1,000 volts	2
5	Courant continu de 320 volts.	1
	TOTAL. . . .	11

Accident 4. — Un serrurier se tenant sur un rail toucha un conducteur du réseau triphasé placé derrière une pièce de garde. On le retira immédiatement et on s'efforça pendant une heure et demie de le rappeler à la vie, mais sans succès.

Accident 5. — Un mineur se trouvant sur un wagonnet toucha de la tête un interrupteur de section et fut électrocuté.

3° Accidents en Suisse pendant les années 1905, 1906 et 1907.

On a enregistré :

30 accidents en 1905;

35 accidents en 1906, dont 19 fatals;

35 accidents en 1907, dont 16 fatals.

En 1906, sur 15 essais de rappel à la vie, 2 seulement ont été couronnés de succès.

En 1907, dans 15 cas on a pratiqué la respiration artificielle qui a réussi dans 5 cas. Il est probable que l'application de la respiration artificielle a été effectuée en meilleure connaissance de cause et avec plus de dévouement. Dans l'un des cas la victime a donné signe de vie après une heure de pratique de respiration artificielle.

Les 35 victimes en 1906 se répartissent comme suit, d'après la profession et d'après la tension :

Personnel de service proprement dit	10 victimes
Autre personnel des entreprises électriques et personnel auxiliaire	15 —
Tierces personnes	10 —
TOTAL	35 victimes

Basse tension, jusqu'à 250 volts, 10 victimes ou 29 pour 100.

Tension moyenne, de 250 à 1.000 volts, 5 victimes ou 15 pour 100.

Haute tension, au-dessus de 1.000 volts, 20 victimes ou 56 pour 100.

La répartition des 35 accidents de 1907 est la suivante :

Personnel de service proprement dit . . .	8 victimes
Autre personnel des entreprises électriques et personnel auxiliaire	17 —
Tierces personnes.	10 —
TOTAL	35 victimes

Agent technique	1
Ouvriers préposés aux machines et surveillants	7
Monteurs, aides-monteurs et manœuvres	15
Autres ouvriers des entreprises électriques	3
Ouvriers en bâtiment	3
Pompier	1
Femmes	2
Enfants	3
TOTAL	35

Basse tension, jusqu'à 250 volts, 5 victimes ou 15 pour 100.

Tension moyenne, de 250 à 1.000 volts, 5 victimes ou 15 pour 100.

Haute tension, au-dessus de 1.000 volts, 24 victimes ou 70 pour 100.

Les trois enfants étaient âgés d'environ huit ans. Deux de ces enfants ont grimpé sur des poteaux ou des pylônes malgré les inscriptions apposées et ont touché les fils à haute tension. L'un est mort des suites de ses blessures. L'autre a reçu des brûlures qui l'ont rendu estropié. Le troisième enfant s'est fait électrocuter en touchant un fil à haute tension au moyen d'un long fil métallique.

Le plus grand nombre d'accidents ont frappé des monteurs entreprenant un travail sur des parties de ligne qu'ils croyaient ne pas être sous tension, qu'ils n'avaient coupées que d'un côté ou sur lesquelles le courant a été lancé sans préavis.

Un employé de service voulut retirer d'une cabine un petit transformateur avarié, sans interrompre le courant de la station. Pendant cette opération il toucha par mégarde des parties conductrices à haute tension et reçut de fortes brûlures.

Un surveillant voulant examiner un interrupteur de ligne, isola celle-ci du côté de l'usine, puis grimpa sur le poteau. Dès qu'il toucha l'interrupteur une violente commotion le projeta à terre sans le tuer. On constata que l'un des fusibles avait été laissé en place par mégarde.

Dans une cuisine une femme de ménage toucha d'une main le bâti d'un tableau de distribution à courant triphasé de 200/350 volts, et avec un chiffon mouillé dans l'autre main elle toucha des pièces métalliques sous tension; elle tomba électrocutée.

Dans une buanderie, une blanchisseuse saisit une lampe portative sous grillage de fil de laiton alimentée par un courant alternatif de 120 volts. Elle tomba en poussant des cris. Il fallut lui arracher la lampe de la main. Elle avait un pouce brûlé qui dut être amputé. On constata que la poignée de la lampe était en contact avec l'un des fils d'amenée du courant. La femme avait les mains humides et se trouvait sur le sol mouillé.

Un pompier tenant une échelle par le bas, celle-ci vint toucher un fil à haute tension; il fut électrocuté. Deux autres pompiers qui touchaient l'échelle furent légèrement blessés.

Un coup de vent projeta un arbre sur une ligne à haute tension dont l'un des fils fut brisé et tomba à terre. Une diligence attelée de cinq chevaux vint à passer. Trois des chevaux furent électrocutés.

En 1908, on a enregistré 36 accidents de personnes. Sur les 36 victimes 28 étaient employées dans des industries électriques. Parmi les 8 autres, 5 ont été électrocutées en venant au contact de conducteurs sous tension, principalement sur les toitures de bâtiments. Les trois dernières victimes se composent d'un domestique, d'un manœuvre et d'un enfant.

Le domestique attachait un fil à une ficelle de cerf-volant pour l'allonger lorsque le fil vint toucher un conducteur de ligne à 6.000 volts.

L'enfant ayant grimpé sur un poteau de ligne à haute tension toucha un conducteur et tomba à terre. Dans ce cas la mort est probablement due à la chute.

Le nombre d'accidents de personnes en Suisse pendant les années 1904, 1905, 1906, 1907 et 1908 a peu varié. Les nombres respectifs sont 36, 30, 35, 35 et 36.

CHAPITRE V

DISPOSITIONS POUR LA PROTECTION DES PERSONNES

Les dispositions adoptées pour protéger les personnes contre les accidents par l'électricité peuvent être classées dans deux catégories :

1. Dispositions ayant pour but de protéger le personnel des usines, des canalisations et, d'une manière générale, des installations électriques, de façon à réduire au minimum les risques professionnels.

2. Dispositions concernant la sécurité du public et, en particulier, des abonnés qui font usage de l'énergie distribuée.

Les dispositions pour la protection du personnel des distributions d'énergie électrique sont de deux sortes :

A. Instructions indiquant au personnel les précautions qu'il doit prendre dans la manœuvre des machines ou organes divers et dans l'exécution des travaux pour éviter les accidents.

B. Dispositifs de sécurité adoptés dans les usines génératrices ou réceptrices, dans les postes de transformateurs, de façon que le séjour du personnel chargé de la manœuvre, de l'entretien et de la surveillance des divers appareils présente le minimum de danger.

Les dispositions destinées à protéger le public contre les accidents sont également de deux sortes :

A. Instructions informant le public du danger qu'il y a à toucher les conducteurs à haute tension, à pénétrer dans certains locaux dont l'accès est interdit.

B. Dispositions adoptées ou imposées pour que les installations et les distributions électriques n'offrent pas de danger pour le public en général, et pour les abonnés en particulier.

I. Dispositions pour la protection du personnel des usines et distributions d'énergie électrique.

A. Instructions à l'usage du personnel.

Dans tous les locaux renfermant des appareils ou des conducteurs à haute tension, on affiche des tableaux portant en gros caractères : « DANGER DE MORT. »

Les locaux contenant des appareil à haute tension doivent être fermés ou tout ou moins séparés du reste de l'installation par une barrière portant l'inscription : « Danger de mort. »

La plupart des accidents arrivent lorsqu'une personne vient à toucher des conducteurs ou autres pièces métalliques qu'elle croit n'être pas sous tension, tandis qu'en réalité ils sont sous haute tension, ou bien lorsqu'on vient à relier à la source à haute tension, par mégarde ou pour toute autre cause, une portion de ligne ou de circuit sur laquelle s'effectue un travail. Il est donc indispensable que le personnel chargé des réparations, de la vérification ou du nettoyage d'une partie quelconque d'une installation ou d'une ligne se protège lui-même en isolant cette partie au moyen d'interrupteurs dans l'air, ou sectionneurs. Les interrupteurs à huile, dans lesquels la coupure a lieu dans un espace fermé et par suite ne peut pas être vérifiée, n'offrent pas une sécurité suffisante. On doit en outre relier les conducteurs à haute tension entre eux en court-circuit ainsi qu'à la terre à l'aide d'un fil de métal. La mise à la terre est utile, car si l'on avait oublié d'ouvrir le sectionneur ou d'enlever le fusible de l'un des conducteurs, la mise en court-circuit de tous les conducteurs ne ferait fonctionner ni les interrupteurs automatiques à maxima, ni les coupe-circuit, et le contact du corps avec l'un quelconque des conducteurs serait dangereux, puisqu'ils se trouveraient sous une tension élevée par rapport à la terre.

Si la coupure du tronçon a lieu dans un kiosque ou dans une alvéole munie d'une porte, il est prudent que le personnel chargé du travail fasse lui-même cette manœuvre de coupure, puis ferme le kiosque ou l'alvéole en conservant la clé par devers lui, et vienne rétablir lui-même la connexion une fois le travail terminé.

Pour les travaux sur les lignes à haute tension on remet aux ouvriers une instruction telle que la suivante : « L'ouvrier X... est prévenu que le courant est sur la ligne et qu'il y a DANGER DE MORT à toucher aux fils. Il doit, en conséquence, avant de toucher aux conducteurs, interrompre LUI-MÊME le courant sur la partie de ligne sur laquelle il doit travailler, fixer au cran d'ouverture, avec son cadenas spécial, les interrupteurs qui commandent la section de ligne sur laquelle il a à travailler et mettre ces sections en court-circuit et à la terre. Une fois le travail terminé, l'ouvrier rétablira LUI-MÊME le courant après avoir enlevé l'appareil de mise à la terre. »

L'ouvrier est en outre prévenu qu'il doit, avant de manœuver un interrupteur, s'assurer si cet interrupteur se trouve dans la position OUVERT ou FERMÉ, puis vérifier si la manœuvre qu'il a exécutée a bien produit le résultat cherché. En effet, il pourrait arriver que, par suite de la rupture d'un isolateur ou d'une autre pièce de l'interrupteur, l'une des phases fût restée, par exemple, fermée.

L'ouvrier devra, toutes les fois qu'il aura à travailler dans un poste de transformateur, couper non seulement l'arrivée de la ligne à haute tension, mais encore OUVRIR L'INTERRUPTEUR DE LA BASSE TENSION.

La mise d'une ligne au court-circuit et à la terre se réalise de la façon la plus simple au moyen d'un fil métallique que l'on enroule autour des conducteurs et qu'on relie à une *terre*, lorsqu'on a la certitude qu'au moment de l'exécution de ce travail la ligne est complètement isolée de la source. En cas de doute, on emploie comme dispositif de mise en court-circuit et à la terre autant de pinces ou crochets métalliques qu'il y a de conducteurs, fixés chacun à un manche isolant, reliés entre eux et à la terre au moyen de câbles souples ou de chaînes de métal, et que l'on accroche respectivement aux conducteurs de la ligne.

Avant d'entreprendre tout travail sur un câble souterrain, il est utile de mettre chaque conducteur à la terre, même lorsqu'on a la certitude que le câble est séparé de la source d'énergie. En effet, un câble, principalement à haute tension, peut conserver longtemps une charge statique capable de donner une forte commotion. La mise à la terre décharge complètement le câble. La commotion donnée par un câble de tramways à 500 volts à travers le corps humain est déjà très violente.

B. Dispositifs de sécurité.

Les principaux dispositifs de sécurité pour le personnel appliqués dans les usines génératrices ou réceptrices, les postes de transformateurs, etc., consistent tout d'abord à mettre les conducteurs, les bornes et autres pièces sous haute tension autant que possible à l'abri de tout attouchement par mégarde, à connecter à la terre les bâtis des génératrices et des moteurs à haute tension, les cuves des transformateurs, les ferrures portant des appareils ou des connexions à haute tension, ainsi que les secondaires des transformateurs alimentant des instruments de mesure. Pour les transformateurs de tension à courant triphasé, on met à la terre le centre de l'étoile secondaire. Pour les transformateurs de tension à courant alternatif simple et les transformateurs d'intensité, on met à la terre l'une des bornes secondaires. Dans le cas d'un transformateur d'intensité, cette précaution est utile, même indépendamment de tout défaut d'isolement entre les deux enroulements, pour éviter les commotions que l'on éprouverait en touchant le secondaire soumis à l'induction électrostatique de l'enroulement à haute tension. Ces commotions sont déjà fortes pour une tension primaire de 10.000 volts à la fréquence de 50 périodes par seconde. En outre, cette induction électrostatique pourrait fausser les indications de certains instruments de mesure, tels que les wattmètres.

Les accidents se produisent rarement par contact simultané du corps, par exemple des deux mains, avec *deux* conducteurs. En général, au contraire, le contact a lieu avec un seul conducteur. La plupart des accidents dans le service des machines et dans les travaux seraient donc évités si l'agent travaillant dans le voisinage d'organes sous haute tension, ou même sur des organes se trouvant accidentellement sous haute tension, prenait la précaution de s'isoler parfaitement de la terre. A cet effet, il peut monter sur un tabouret de bois muni de pieds de porcelaine ou de verre, ou sur un tapis de caoutchouc. On emploie aussi des gants et des souliers de caoutchouc; mais il importe de vérifier que ces objets sont en bon état, sans trou, ni fissure. Du reste, les gants et les souliers de caoutchouc n'ont pas une épaisseur suffisante pour protéger contre une tension très élevée. En outre, les gants ont l'inconvénient de gêner le travail. Quand il s'agit de tension peu élevée, telle que celle des installations ordinaires de tramways, soit 500 à 600 volts, on obtient une protection suffisante en se servant de gants de caoutchouc, en montant sur une planche sèche, ou en employant des outils à manche isolé, tels que des pinces dont on recouvre les jambes d'un tube de caoutchouc.

Quand on s'isole du sol, par exemple au moyen d'un tabouret à pieds de porcelaine, pour travailler dans le voisinage de pièces dangereuses, il faut évidemment faire grande attention à ne pas toucher de la main, du genou, de l'épaule, etc., une partie quelconque, maçonnerie, colonne, etc., en contact avec le sol.

Il est à noter que si, étant chaussé de souliers de caoutchouc, ou bien étant monté sur un tabouret isolant, on venait à toucher un conducteur sous tension élevée, on ressentirait une certaine commotion, produite par le courant de charge dû à la capacité du corps par rapport à la terre.

Les planchers de bois sur isolateurs de porcelaine peuvent être établis de façon à offrir une protection, même contre une tension très élevée. Ils s'emploient principalement devant les tableaux de manœuvre ou de distribution.

On peut aussi garnir le sol, autour des appareils à haute tension, d'une chape d'asphalte coulé. M. Thury isole ses machines à très haute tension par ce procédé qui lui permet d'obtenir une excellente isolation par rapport à la terre.

Des essais de perforation ont été faits, en 1906, sur une chape de béton d'asphalte de trottoir renfermant des petits cailloux. Cette chape, de 2 centimètres d'épaisseur, reposait sur un radier de béton ordinaire. On a placé sur la chape un disque de tôle de 50 centimètres de diamètre relié à l'une des bornes secondaires d'un transformateur élévateur réglable, dont l'autre borne était connectée à la terre. La fréquence était de 50 périodes par seconde. La tension a été portée successivement à 15.000, 20.000, 25.000 et 30.000 volts et maintenue pendant cinq minutes consécutives à chacune de ces valeurs. Enfin la tension ayant été élevée à 35.000 volts a perforé la chape d'asphalte.

Il est prudent de fixer les mâchoires des sectionneurs, de même que celles des coupe-circuit, à haute tension, sur deux porcelaines distinctes. En effet, on a constaté sur certains de ces appareils montés sur une pièce de porcelaine unique que celle-ci, grâce à une fissure dans la matière, isolait mal les deux mâchoires métalliques et que, par suite, l'ouverture du sectionneur ou la fusion du fusible n'isolait pas complètement la partie du circuit située au delà de l'appareil de coupure. Si l'on emploie deux isolateurs distincts, il est peu probable qu'ils soient tous les deux défectueux ; en outre, il est plus aisé de les vérifier, tandis qu'une grosse pièce de porcelaine peut avoir un défaut invisible. Enfin, les isolateurs sont généralement montés sur un support métallique que l'on relie à la terre, de telle sorte qu'un défaut dans l'une de ces pièces isolantes mettrai terre la mâchoire métallique correspondante.

La manœuvre des couteaux de sectionneurs s'effectue au moyen d'un crochet métallique fixé à l'une des extrémités d'un manche isolant. Ce dernier peut être une tige d'ébonite qui a l'avantage d'être légère, mais, par contre, quelque peu fragile, ou bien une tige de bambou portant un isolateur de porcelaine auquel est fixé le crochet. Pour supprimer le danger qu'offrirait une telle tige de manœuvre dans le cas où l'isolateur de porcelaine serait défectueux, on soude parfois à la virole de métal servant d'assemblage entre la tige de bois et la pièce de porcelaine un fil de cuivre logé à l'intérieur du bambou et que l'on attache à une prise de terre avant d'effectuer une manœuvre de sectionneur. Cependant, ce conducteur offre lui-même quelque danger. Si la pièce de porcelaine étant défectueuse, le fil venait à se séparer de la prise de terre, il pourrait se trouver porté à un potentiel élevé; la seule isolation protectrice entre ce fil et la main de l'opérateur peut n'être que l'épaisseur de la tige de bambou. D'autre part, ce fil peut, en trainant, venir toucher une pièce sous haute tension et, par conséquent, devenir fort dangereux.

C'est dans de telles circonstances qu'un accident mortel s'est produit, en 1909, dans un poste à haute tension des environs de Lyon. Le fil de sûreté s'étant détaché de la prise de terre vint toucher un conducteur à haute tension en même temps que l'opérateur. Les cris poussés par celui-ci attirèrent un agent qui coupa le circuit. Les mains s'étaient crispées et portaient de fortes brûlures. La victime est décédée le lendemain à l'hôpital.

En France, les règlements interdisent formellement tout travail sur une ligne à haute tension en charge.

A l'étranger, on a procédé quelquefois à des réparations urgentes sur une ligne à haute tension sans interrompre le service, en travaillant sur un seul des conducteurs à la fois. A cet effet, on met soigneusement à la terre ce conducteur aux deux extrémités du tronçon sur lequel le travail doit s'effectuer. On peut ainsi remplacer un isolateur défectueux sans interrompre la distribution.

II. Dispositions concernant la sécurité du public.

En France, les règlements (arrêté du ministre des Travaux publics du 21 mars 1911) classent les installations électriques, d'après leur tension, en deux catégories. Les distributions d'énergie électrique doivent comporter des dispositifs de sécurité en rapport avec la plus grande tension de régime existant entre les conducteurs et la terre.

Première catégorie

A. *Courant continu.* — Tension de régime entre les conducteurs et la terre ne dépassant pas 600 volts.

B. *Courant alternatif.* — Plus grande tension efficace entre les conducteurs et la terre ne dépassant pas 150 volts. Dans les distributions triphasées, cette tension est évaluée par rapport au point neutre supposé à la terre.

DEUXIÈME CATÉGORIE

Tensions supérieures aux précédentes.

La valeur la plus élevée que peut avoir la tension efficace d'une distribution à courant triphasé de la première catégorie est donc :

$$150 \times \sqrt{3} = 260 \text{ volts.}$$

Les principales précautions imposées par les règlements sont les suivantes :

A. Instructions à l'usage du public.

Les règlements exigent que les poteaux et pylônes supportant des lignes de la deuxième catégorie, ainsi que les constructions renfermant des appareils à haute tension, telles que les postes de transformateurs, portent une inscription avertissant le public du danger qu'il y a à grimper sur les poteaux ou à pénétrer dans le local. Cette inscription est la suivante :

DANGER DE MORT

Défense absolue de toucher aux fils, même tombés à terre.

On a proposé, avec raison, de charger les instituteurs d'apprendre aux enfants qu'il est très dangereux de grimper aux poteaux des lignes de distribution et de toucher aux conducteurs soit directement, soit avec une perche, soit avec la ficelle d'un cerf-volant.

B. Dispositions de sécurité à l'égard du public.

D'après les règlements, les conducteurs nus doivent être placés hors de la portée de la main. Quand un conducteur passe devant une maison, il doit être distant d'au moins 1 mètre de la façade et être placé au-dessus des fenêtres. Quand un conducteur passe au-dessus d'une maison, il doit être à au moins 1 m. 50 au-dessus du toit s'il est de première catégorie, c'est-à-dire à basse tension, et à au moins 2 mètres au-dessus du toit s'il est de deuxième catégorie.

Lorsqu'une ligne à haute tension et une canalisation à basse tension sont supportées par les mêmes poteaux, la ligne à haute tension occupe la position supérieure et la distance verticale entre le conducteur à haute tension le plus bas et le conducteur à basse tension le plus haut est d'au moins 1 mètre.

Au croisement d'une ligne d'énergie avec une ligne télégraphique ou téléphonique, la ligne d'énergie occupe la position supérieure et la distance verticale entre les deux systèmes est d'au moins 1 mètre.

Les poteaux et pylônes portant une ligne de deuxième catégorie doivent être munis, à au moins 2 m. 50 au-dessus du sol, de ronces artificielles, d'une ceinture de pointes ou de tout autre dispositif empêchant le public de grimper.

Les poteaux ou pylônes métalliques doivent être mis à la terre. Lorsqu'une ligne est supportée par des pylônes métalliques, on relie parfois tous les pylônes au moyen d'un fil ou d'un câble d'acier que l'on connecte à la terre de distance en distance.

Dans les locaux dont le sol est humide, tels que caves, buanderies, teintureries, il faut que l'isolation de l'installation soit spécialement soignée. En particulier, les douilles de lampes doivent être bien isolées des conducteurs, le bouton et le couvercle des interrupteurs doivent être de matière isolante. Les lampes portatives doivent avoir leur poignée et leur grillage protecteur soigneusement isolés. En effet, une telle lampe peut être dangereuse si elle présente un défaut d'isolation, car une personne, se tenant sur le sol humide, qui la saisirait pourrait éprouver la crispation de la main qui l'empêcherait de lâcher prise.

Dans les mines, dont le sol est généralement mouillé, il faut éviter autant que possible les conducteurs nus et rendre inaccessibles les pièces sous tension même peu élevée. Les lampes mobiles doivent être soigneusement isolées.

Quand un ouvrier, surtout s'il est étranger à l'industrie électrique, tel qu'un maçon, a à effectuer un travail dans un local renfermant des pièces dangereuses que les conditions de l'exploitation obligent à laisser sous tension, il est prudent de lui adjoindre un agent parfaitement au courant de l'installation, lequel surveillera le travailleur et le préviendra du danger.

Dans une distribution d'énergie à courant alternatif ou polyphasé, deux causes peuvent rendre le réseau secondaire, à basse tension, dangereux :

1° Il peut se produire un défaut d'isolement ou même un contact entre l'enroulement à haute tension et l'enroulement à basse tension d'un transformateur. Ce défaut peut être dû à une construction défectueuse, à un coup de foudre ou à une surtension perforant l'isolant intercalé entre les deux enroulements, ou bien encore cet isolant peut être brûlé par une surcharge ou un court-circuit sur le secondaire.

2° Lorsque le réseau primaire et le réseau secondaire sont aériens et supportés par des poteaux communs, il peut se produire des dérivations et même des contacts entre ces deux réseaux. Par exemple, un conducteur à haute tension qui, conformément aux règlements, est placé le plus haut, peut se rompre et venir tomber sur l'un des fils à basse tension. Cette rupture peut être déterminée par un vent violent, par une grande surcharge de givre, par la chute d'une grosse branche ou même d'un arbre, ou encore par la perforation spontanée d'un isolateur défectueux ou d'un isolateur normal sous l'action d'un coup de foudre : un certain courant passant alors sous forme d'arc au support métallique de l'isolateur, peut couper le conducteur au bout d'un temps plus ou moins long. Enfin, un fil de métal lancé sur la ligne, une branche d'arbre, la ficelle mouillée d'un cerf-volant, peuvent encore produire une dérivation d'un fil à haute tension à un fil à basse tension.

Dans ces diverses circonstances, le réseau secondaire se trouve porté à une tension élevée et, par suite, devient dangereux pour les personnes et pour les immeubles. Il peut électrocuter les personnes manœuvrant un interrupteur ou touchant une douille. Il peut déterminer des incendies, la haute tension perforant l'isolant des conducteurs pour passer à la terre, surtout aux points isolants des lustres, etc. La haute tension peut faire exploser les lampes à incandescence. Le 18 août 1909, un violent orage éclata sur la ville d'Olginate, près de Lecco, dans le nord de l'Italie. Un transformateur fut détérioré par la foudre et le réseau secondaire se trouva soumis à la tension primaire de 3.000 volts; des décharges électriques se produisirent dans les maisons munies de canalisations. Douze personnes voulant arrêter ces décharges manœuvrèrent les interrupteurs et furent électrocutées sur-le-champ.

Pour qu'un conducteur ne puisse pas devenir dangereux, il faut que son potentiel ne puisse pas prendre une valeur absolue importante au-dessus du potentiel des personnes exposées à venir en contact avec ce conducteur, c'est-à-dire au-dessus du potentiel de la terre. C'est donc en reliant à la terre un réseau secondaire qu'on assure son innocuité.

Il existe deux méthodes de mise à la terre du secondaire pour protéger le public, les abonnés en particulier, contre l'irruption accidentelle de la haute tension sur le réseau secondaire.

L'une de ces méthodes consiste en l'application d'un dispositif qui met le secondaire à la terre seulement à l'instant où une tension anormale, supérieure à celle de régime, apparaît sur ce réseau. Un appareil, monté entre chaque conducteur et la terre, établit automatiquement la connexion de ce conducteur avec la terre dès que la tension entre ce fil et la terre atteint une valeur déterminée, supérieure à la normale. De cette façon, le potentiel du conducteur communiquant avec le réseau à haute tension se trouve amené sensiblement à zéro, ce qui supprime tout danger. S'il existe un défaut d'isolement sur un deuxième conducteur du réseau à haute tension, ou encore si la capacité de ce réseau par rapport à la terre est suffisamment élevée, le fusible ou l'interrupteur automatique isole de la source le fil primaire cause du danger.

Cet appareil de sécurité peut être monté aux bornes du transformateur même.

La seconde méthode consiste à relier à la terre d'une manière permanente un point du circuit secondaire, par exemple l'un des conducteurs d'un réseau à courant alternatif simple, le milieu de l'enroulement secondaire d'un transformateur à courant alternatif simple ou bien le point neutre d'un réseau à courant triphasé.

I. — Dispositifs de mise automatique à la terre des conducteurs à basse tension en cas d'irruption de la haute tension.

Appareil de sûreté E. Thomson. — Un bloc rectangulaire de laiton est connecté à l'une des bornes secondaires, ou au milieu de l'enroulement secondaire du transformateur à courant alternatif simple, ou bien au centre de l'étoile secondaire du transformateur à courant triphasé. Un ressort, en forme de lame, relié à la terre, exerce une pression contre ce bloc par l'intermédiaire d'une feuille de papier mince imprégnée de matière isolante, telle que la paraffine. La feuille de papier résiste parfaitement à la tension secondaire normale, mais est perforée par une tension quadruple, par exemple, et le bloc de laiton se trouve alors mis à la terre par le ressort.

Le papier a l'inconvénient d'être susceptible d'absorber l'humidité, malgré son imprégnation, et de ne plus résister alors à la tension normale. L'appareil est donc sujet à fonctionner d'une manière intempestive.

Appareil Cardew. — Cet appareil se compose essentiellement de deux disques de laiton séparés et isolés l'un de l'autre par un anneau d'ébonite affleurant le limbe des disques. Le disque supérieur est connecté à l'enroulement secondaire du transformateur, tandis que le disque inférieur est mis à la terre. Sur le fond de cette boite de très faible profondeur repose une lame mince d'aluminium arrêtée à l'une de ses extrémités. S'il se produit une liaison entre les enroulements à haute tension et à basse tension, le disque supérieur, se trouvant de la sorte porté à un potentiel élevé, attire l'extrémité libre de la lame d'aluminium qui le met à la terre.

Appareil de sûreté à cylindres. — On peut employer un parafoudre formé de deux cylindres de laiton parallèles, séparés par un très petit intervalle. L'un des cylindres est connecté au fil que l'on veut protéger, tandis que l'autre cylindre est relié à la terre. L'inconvénient de cet appareil est que l'intervalle entre les deux cylindres doit être très faible, de telle sorte que l'interposition accidentelle d'un corps étranger, même très petit, peut déterminer le fonctionnement intempestif de l'appareil.

Dans des essais faits sur un parafoudre Wirt formé de deux cylindres de laiton striés de 25 millimètres de diamètre, l'auteur a trouvé que les cylindres étant séparés par un intervalle de 0,4 millimètre, il faut une tension de 1.100 volts pour amorcer un arc.

Appareil Görges. — Cet appareil se compose de deux disques de laiton A, B (fig. 1) serrant entre eux une rondelle de mica C dont le limbe est en saillie sur les disques de laiton. Cette rondelle de mica, dont l'épaisseur dans l'appareil original de M. Görges a 0,12 à 0,15 millimètre, porte quatre trous *a*, *b*, *c*, *d* de 3 mm. 5 de diamètre. En regard de ces trous, les surfaces des disques de laiton sont donc séparées seulement par une couche d'air de 0,12 à 0,15 millimètre d'épaisseur formant ainsi quatre intervalles explosifs. Du reste, par la construction même, ces intervalles ont une longueur invariable et les quatre petites cavités sont parfaitement hermétiques : ni la poussière ni l'humidité ne peuvent y pénétrer.

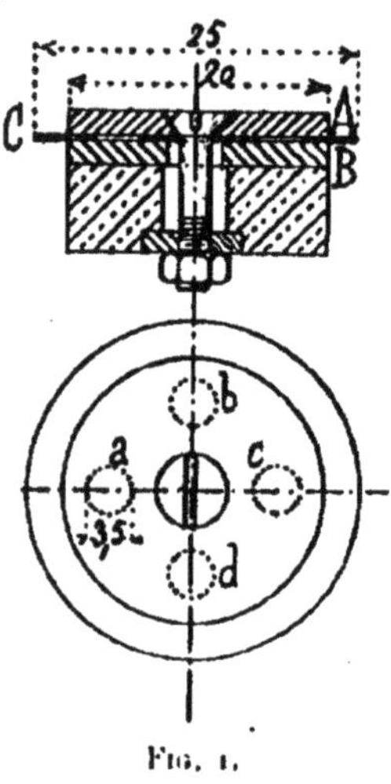

Fig. 1.

L'un des disques de laiton est connecté au conducteur que l'on veut protéger contre un excès de tension, tandis que le second disque est relié à la terre.

Les intervalles d'air résistent amplement à la tension normale du réseau secondaire. Mais si le potentiel du fil relié à l'appareil de sûreté atteint une valeur suffisante, une étincelle jaillit dans les petites cavités entre les deux disques de laiton, à travers l'air qu'elles renferment. Il se forme un arc qui produit la fusion du métal, soudant ainsi les deux disques ensemble. Le conducteur du réseau se trouvant de la sorte mis à la terre, son potentiel tombe sensiblement à zéro. Du reste, en général, cette mise à la terre détermine la fusion d'un fusible primaire ou secondaire, isolant ainsi du réseau à haute tension le conducteur secondaire qui était devenu dangereux.

L'appareil est indiqué comme fonctionnant à une tension minimum de 350 volts.

D'après les expériences faites par MM. Görges et Adelmann sur cet appareil, un courant de 0,020 ampère détermine la soudure des deux disques au bout de quinze minutes. Avec un courant de 0,0345 ampère la soudure se produit après trois minutes. A partir de 2 ampères, la soudure est presque instantanée. Dans ces expériences la tension a varié entre 689 et 1.030 volts.

M. Adelmann a rendu l'appareil Görges plus sensible en intercalant entre la rondelle de mica et chaque disque de laiton une feuille d'étain. Grâce à la grande fusibilité de ce métal, un courant de 0,1 ampère produit la soudure instantanée.

Avec des courants de si faible intensité, une résistance normale de passage à la terre ne produirait pas une grande chute de tension. Pour une résistance de passage à la terre de 50 ohms, un courant de 2 ampères, produisant la soudure instantanée des deux disques, correspondrait à une tension de 100 volts seulement entre la terre et le point de connexion du secondaire avec l'appareil de sûreté.

Le courant qui fait fonctionner l'appareil est dû à la capacité du conducteur à haute tension par rapport à la terre, capacité comprenant celle des isolateurs.

L'appareil Görges peut être monté de plusieurs manières :

a) On peut intercaler l'appareil entre la terre et le milieu de l'enroulement secondaire du transformateur à courant alternatif simple. Avec ce montage, un contact entre les enroulements à haute tension et à basse tension du transformateur ne peut faire fondre que l'un des fusibles à haute tension. Dans une distribution à courant triphasé, c'est le centre de l'étoile que l'on relie à l'appareil de sûreté.

b) On peut connecter un appareil de sûreté à chaque conducteur secondaire, après le fusible (disque A, fig. 1). Puis on relie les disques B des deux appareils au moyen d'un conducteur que l'on connecte à la terre. Dans ce cas, un contact entre les deux enroulements à haute tension et à basse tension du transformateur peut faire sauter les fusibles primaires et les fusibles secondaires simultanément. Dans une distribution à courant triphasé, on emploie trois appareils que l'on relie en étoile dont on met le centre à la terre.

Ce second montage est plus efficace que le premier dans le cas d'un défaut dans le transformateur, puisqu'un contact entre les deux enroulements, en faisant fondre les fusibles à basse tension, isole la canalisation secondaire du transformateur.

Appareil de sûreté Arcioni. — L'appareil Görges fonctionne bien, mais seulement pour une tension d'au moins 350 volts environ, tension déjà très élevée pour la sécurité des personnes. En outre, il est sensible aux décharges atmosphériques et, par suite, il ne convient pas aux canalisations aériennes.

L'appareil de sûreté Arcioni pour réseaux à courant triphasé se compose comme suit : trois électro-aimants A, B, C (fig. 2), analogues à ceux employés dans les wattmètres et les compteurs d'induction, sont disposés à 120 degrés. Les enroulements de ces électros sont montés en étoile dont les trois bornes sont reliées aux trois conducteurs de la canalisation secondaire et dont le centre est connecté à la terre. Une étoile d'aluminium D, à trois branches, dont les extrémités sont engagées dans l'entrefer des électros, peut osciller autour d'un axe O. La moitié de la surface de chaque pôle est embrassée par une spire de cuivre en court

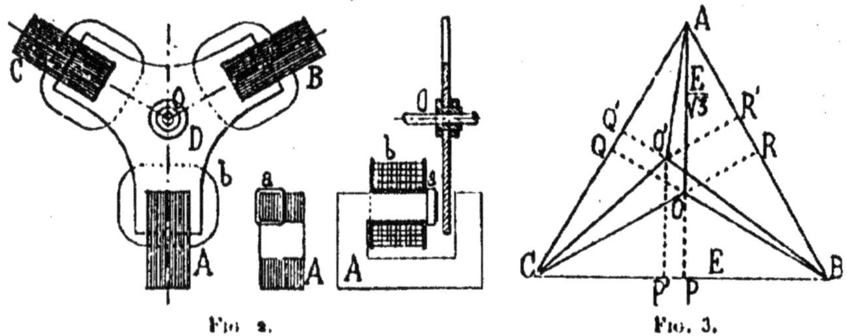

FIG. 2. FIG. 3.

circuit a. On obtient ainsi dans les trois entrefers trois champs oscillants qui tendent à faire dévier autour de son axe O l'étoile D qu'un ressort antagoniste ou un contrepoids tend à maintenir dans la position symétrique indiquée sur la figure.

Soit E la tension du réseau agissant sur les trois électros. Si les trois conducteurs de la canalisation sont parfaitement isolés, ou bien ont des résistances d'isolement par rapport à la terre égales, les trois tensions par rapport à la terre sont égales à $\frac{E}{\sqrt{3}}$. Le couple total exercé sur l'étoile D par les électros est :

$$3\,k\left(\frac{E}{\sqrt{3}}\right)^2 = k\,E^2$$

k étant un coefficient numérique dépendant de l'appareil.

Si les tensions des trois conducteurs par rapport à la terre sont (fig. 3) :

$$O'A = e_1 \qquad O'B = e_2 \qquad O'C = e_3$$

le couple a pour expression :

$$k\,(e_1^2 + e_2^2 + e_3^2)$$

les tensions e_1, e_2, e_3 ayant comme résultantes, deux à deux, les tensions E égales entre les trois conducteurs.

Ce second couple est plus grand que le couple précédent kE^2. En effet, considérons le triangle équilatéral ABC dont les côtés, de longueur $2a = E$, représentent en grandeur et en relation de phase les tensions entre les trois conducteurs du réseau.

Lorsque les trois conducteurs sont isolés également par rapport à la terre, les vecteurs OA, OB, OC représentent les tensions de ces trois conducteurs par rapport à la terre.

Si les trois conducteurs sont inégalement isolés de la terre, leurs tensions par rapport à la terre sont représentées respectivement par O'A, O'B, O'C.

On a tout d'abord :

1. $$OP = OQ = OR.$$

2. $$\overline{OA}^2 + \overline{OB}^2 + \overline{OC}^2 = 3\,\overline{OP}^2 + 3a^2.$$

D'autre part, on a :

3. $$2\,\overline{O'A}^2 = \overline{O'Q'}^2 + \overline{AQ'}^2 + \overline{O'R'}^2 + \overline{AR'}^2$$
$$2\,\overline{O'B}^2 = \overline{O'R'}^2 + \overline{BR'}^2 + \overline{O'P'}^2 + \overline{BP'}^2$$
$$2\,\overline{O'C}^2 = \overline{O'P'}^2 + \overline{CP'}^2 + \overline{O'Q'}^2 + \overline{CQ'}^2$$

d'où l'on tire :

4. $$\overline{O'A}^2 + \overline{O'B}^2 + \overline{O'C}^2 = \overline{O'Q'}^2 + \overline{O'P'}^2 + \overline{O'R'}^2 + \frac{\overline{AQ'}^2 + \overline{CQ'}^2}{2} + \frac{\overline{BR'}^2 + \overline{AR'}^2}{2} + \frac{\overline{BP'}^2 + \overline{CP'}^2}{2}.$$

Le triangle ABC étant équilatéral, on a :

5. $$O'P' + O'Q' + O'R' = OP + OQ + OR = AP.$$

On peut donc écrire :

6. $$O'P' = OP + m$$
$$O'Q' = OQ + n$$
$$O'R' = OR + p$$

avec la condition :

7. $$m + n + p = 0.$$

Par suite, on a :

8. $$\overline{O'P'}^2 + \overline{O'Q'}^2 + \overline{O'R'}^2$$
$$= (OP + m)^2 + (OQ + n)^2 + (OR + p)^2$$
$$= 3\,\overline{OP}^2 + m^2 + n^2 + p^2 > 3\,\overline{OP}^2$$

Considérons maintenant l'une quelconque des sommes des carrés des deux éléments d'un côté du triangle, $\overline{AQ'}^2 + \overline{CQ'}^2$, par exemple. Comme on a :

$$AQ' + CQ' = 2a$$

On peut écrire :

$$AQ' = a - r$$
$$CQ' = a + r$$

d'où :

$$\overline{AQ'}^2 + \overline{CQ'}^2 = 2a^2 + 2r^2$$

ou :

$$\frac{\overline{AQ'}^2 + \overline{CQ'}^2}{2} = a^2 + r^2 > a^2.$$

De même :

$$\frac{\overline{BR'}^2 + \overline{AR'}^2}{2} = a^2 + s^2 > a^2$$

$$\frac{\overline{CP'}^2 + \overline{BP'}^2}{2} = a^2 + t^2 > a^2$$

et :

9. $$\frac{\overline{AQ'}^2 + \overline{CQ'}^2}{2} + \frac{\overline{BR'}^2 + \overline{AR'}^2}{2} + \frac{\overline{CP'}^2 + \overline{BP'}^2}{2} > 3a^2.$$

La somme des trois carrés

$$\overline{O'A}^2 + \overline{O'B}^2 + \overline{O'C}^2$$

est donc formée par l'addition de deux sommes respectivement supérieures à $3\,\overline{OP}^2$ et à $3a^2$ (7 et 9) et, par suite, on a :

$$\overline{O'A}^2 + \overline{O'B}^2 + \overline{O'C}^2 > \overline{OA}^2 + \overline{OB}^2 + \overline{OC}^2.$$

Si l'un des fils est à la terre, on a :

$$e_3 = 0 \qquad e_1 = E \qquad e_2 = E$$

et le couple a pour valeur :

$$k(E^2 + E^2) = 2kE^2.$$

On peut régler le ressort antagoniste ou le contrepoids de telle façon que pour le couple $2kE^2$, correspondant à la mise à la terre de l'un des fils, l'étoile d'aluminium oscille et actionne le relais d'un interrupteur automatique qui isole la canalisation secondaire en la séparant, par exemple, du transformateur.

Un appareil de ce genre a été expérimenté en 1908 à Milan sur un réseau triphasé à 170 volts, à la fréquence de 42 périodes par seconde. La tension entre les conducteurs étant :

$$E = 170 \text{ volts}$$

la tension normale entre chaque fil et la terre est 98 volts. On a amené artificiellement au réseau secondaire une fraction de la tension du réseau primaire à 3.700 volts. L'appareil a fonctionné à 174 volts.

Ce dispositif serait en défaut dans le cas où un contact viendrait à se produire entre un réseau à haute tension et un réseau à basse tension montés sur les mêmes poteaux, par exemple, à moins que l'interrupteur automatique soit disposé de telle sorte qu'il puisse séparer de la source à haute tension le tronçon nuisible.

II. Mise permanente du secondaire a la terre.

Ceux des dispositifs que nous venons de décrire qui effectuent la mise à la terre par le jaillissement d'un arc entre deux électrodes ont l'inconvénient de ne fonctionner que sous une tension minimum suffisamment élevée pour être dangereuse. L'appareil Arcioni est quelque peu compliqué et, d'autre part, ainsi que nous l'avons indiqué, il n'est pas efficace dans toutes les circonstances.

La seconde méthode de protection contre l'irruption accidentelle de la haute tension sur le réseau secondaire consiste à relier à la terre d'une façon permanente un point du circuit secondaire. Avec ce dispositif, si une dérivation par défaut d'isolement ou un contact se produisent entre le circuit à haute tension et le circuit à basse tension, la tension sur le réseau secondaire ne peut pas atteindre une valeur élevée.

La mise à la terre permanente du secondaire est le procédé de protection le plus simple, le plus sûr et le plus efficace, puisqu'en cas de communication entre le réseau à haute tension et celui à basse tension, à un moment quelconque le potentiel de ce dernier est maintenu à une valeur peu supérieure au potentiel de la terre.

Suivant Mr. W.-J. Canada, la première proposition de mise à la terre des secondaires, aux États-Unis, date de 1885. Cette proposition se heurta alors à une vive opposition de la part des Compagnies d'assurances contre l'incendie, lesquelles soutinrent que la mise à la terre augmentait les riques d'incendie. On adopta alors comme moyen terme un écran de métal, tel qu'une toile métallique, interposé entre les enroulements primaire et secondaire du transformateur, et mis à la terre. Mais les perturbations produites par cet écran le firent abandonner. Du reste, ce dispositif n'était efficace que dans le cas particulier d'un défaut d'isolement entre les deux enroulements du transformateur.

D'autre part, on constate qu'il y a des accidents beaucoup plus fréquents dans les distributions aériennes que la perforation de l'isolant d'un transformateur : chute d'un fil à haute tension sur un secondaire, dérivation entre ces deux catégories de conducteurs produite par une branche, par exemple. On reconnut donc qu'il était nécessaire d'adopter un dispositif de protection à la fois contre les accidents de ligne et contre les accidents de transformateur, et l'on considéra comme une solution efficace la mise à la terre des secondaires, combattue encore par les Compagnies d'assurances contre l'incendie.

Avec le développement continu des distributions d'énergie électrique, les accidents aux personnes, dus tantôt probablement, tantôt certainement à des tensions supérieures à celle existant normalement sur les canalisations intérieures, devinrent de plus en plus fréquents. Les tribunaux ayant tendance à rendre responsables de ces accidents les Sociétés de distribution d'énergie, celles-ci se mirent à connecter les secondaires à la terre et exercèrent une pression sur les Compagnies d'assurances pour les amener à inscrire dans le *National Electrical Code* l'autorisation de mettre les secondaires à la terre. L'édition de 1901 de ce « Code » renferme cette autorisation ainsi que les règles à observer pour la mise à la terre.

Cette autorisation de mise à la terre avait pour objet seulement la réduction du risque de vie, les Compagnies d'assurances continuant à soutenir que la mise à la terre d'un point d'un réseau secondaire doit nécessairement augmenter les risques d'incendie.

Depuis cette époque le nombre des Sociétés de distribution d'énergie électrique adoptant la mise du secondaire à la terre s'est rapidement accru.

Les raisons qui ont été invoquées contre la mise des secondaires à la terre sont les suivantes :

1° On a prétendu qu'il y a plus grand risque d'incendie dans les immeubles lorsque le secondaire est mis à la terre en raison des considérations ci-après : les canalisations électriques mettent le feu à un immeuble par un court-circuit ou par une *terre* en un point où les tuyaux d'eau ou de gaz, ou d'autres pièces métalliques, se trouvent introduits dans le circuit électrique par une raison quelconque. Mais il est à remarquer que la première cause, le court-circuit, n'est aucunement influencée par la mise à la terre, la tension entre fils au secondaire n'étant en rien altérée par cette connexion. La seconde cause, production d'un arc avec la terre, est affectée par la mise à la terre. Si, dans un circuit primitivement bien isolé de la terre, une *terre* accidentelle vient à se produire sur l'un des pôles, aucun dégât ne peut en résulter, car, pour qu'il se produise un arc capable de déterminer un incendie, il faut deux *terres* simultanées sur deux conducteurs de polarité différente. Si un point du réseau secondaire est mis intentionnellement à la terre, une *terre* accidentelle est en point quelconque d'un conducteur de polarité différente de la canalisation secondaire intérieure peut déterminer la production d'un arc au point où se trouve la *terre* accidentelle. Le risque de production de cet arc est beaucoup plus grand dans ces conditions que s'il n'existe pas de *terre* perma nte sur l'un des conducteurs secondaires, puisque dans ce dernier cas un arc ne peut se produire que si deux des fils de polarité différente se trouvent mis accidentellement à la terre simultanément, dont l'un au moins à l'intérieur de l'immeuble.

Ce raisonnement est la base de l'opposition faite au début par les Compagnies d'assurances contre l'incendie à la mise à la terre des secondaires.

Mais il importe de discuter cette objection :

Le fusible du branchement, ainsi que celui de la canalisation intérieure de l'abonné, sont en série avec la terre accidentelle. Ces fusibles limitent l'intensité de l'arc. En fondant, ils éteignent immédiatement l'arc, de telle sorte que les risques d'incendie se trouvent très réduits.

Il arrive très fréquemment que l'un des pôles d'une distribution secondaire a un mauvais isolement par rapport à la terre, de telle sorte que le réseau se trouve ainsi dans la condition de *terre* permanente sur un pôle ou sur le neutre. Cette *terre* partielle est souvent assez forte pour qu'une *terre* sur un autre conducteur de polarité différente fasse fondre un fusible de la canalisation. La condition considérée est donc sensiblement équivalente, au point de vue du risque d'incendie, à celle d'un secondaire mis intentionnellement à la terre. Du reste, si le défaut d'isolement par rapport à la terre, plus ou moins permanent, existe sur un conducteur extrême de la canalisation à 110 ou à 220 volts, le risque d'incendie est plus grand que si la mise à la terre avait lieu sur le point milieu, pour une canalisation à courant alternatif simple, ou sur le centre de l'étoile, pour une canalisation à courant triphasé, puisque dans le premier cas la tension donnant naissance à l'arc est plus élevée que dans le second cas. Il n'y a donc aucune impossibilité à ce que le risque d'incendie avec le secondaire isolé de la terre surpasse celui existant avec le secondaire mis à la terre. L'expérience confirme cette présomption.

En effet, les statistiques établies par des Compagnies d'assurances américaines ont montré que les incendies sont plus fréquents dans les immeubles pourvus de canalisations non reliées à la terre. Lorsqu'un point du réseau est mis franchement à la terre, une *terre* sur un conducteur de polarité différente détermine, en général, un court-circuit qui fait fondre un fusible, supprimant ainsi, dans la plupart des cas, la cause d'incendie, tandis que, dans un réseau isolé de la terre, un défaut d'isolement sur l'un des conducteurs par rapport à la terre peut, par suite de l'isolement imparfait du secondaire, surtout dans les immeubles, et par suite aussi de la capacité du réseau, produire un courant de fuite à la terre sous forme d'arc d'intensité insuffisante pour faire fondre le fusible de l'installation, mais parfois capable de déterminer un commencement d'incendie.

On a fait encore d'autres objections à la mise à la terre :

On a prétendu que pendant les orages électriques l'isolant entre les enroulements primaire et secondaire des transformateurs dont le secondaire est mis à la terre, est plus exposé à être perforé par la foudre qui trouve, de la sorte, un passage à la terre plus aisé. Mais on n'a pas constaté dans la pratique que les perforations de transformateurs avec secondaire mis à la terre fussent plus nombreuses que lorsque le secondaire est isolé de la terre.

On a signalé qu'il est souvent difficile d'obtenir des *terres* parfaites et que celles-ci sont coûteuses. Cette objection n'est pas sans valeur. Une grande Société américaine de distribution d'énergie électrique compte le prix d'établissement de chacune des *terres* de 50 à 60 francs.

Un inconvénient de la mise à la terre du secondaire est de faciliter la fraude, au préjudice de la Société de distribution, dans les installations ayant un compteur à courant triphasé à trois fils, mesurant par la méthode des deux wattmètres. En effet, dans ces conditions l'abonné peut monter des lampes entre la *terre* et le conducteur indépendant des deux enroulements à gros fil du compteur, de telle sorte que cet instrument n'enregistre pas l'énergie prise ainsi sur ce troisième conducteur.

Mais il a été reconnu que l'irruption de la haute tension sur les secondaires était la cause du nombre croissant d'incendies. La présence d'une tension de 2.000 volts, par exemple, sur les canalisations intérieures causera certainement des dommages et les coupe-circuit ordinaires, établis pour 110 volts, ne constituent pas une protection sur laquelle on puisse compter.

On peut protéger les personnes contre une tension de 110 à 220 volts si un pôle est mis à la terre, à l'aide de précautions simples, telles que l'emploi de douilles recouvertes de matière isolante, d'interrupteurs à couvercle et bouton isolants, de canalisations posées dans des tubes métalliques connectés à la terre. Mais on ne dispose pas de moyen de protection contre une tension élevée, de 2.000 volts par exemple. Aussi les Compagnies d'assurances contre l'incendie ont-elles abandonné leur opposition et adoptent-elles actuellement la mise à la terre.

En 1908 le Comité de la « National Electric Light Association » a publié un mémoire dans lequel il déclare qu'ensuite d'une étude approfondie après consultation d'ingénieurs les plus autorisés, il est d'avis que la mise à la terre du secondaire est le seul moyen efficace de prévenir les accidents mortels sur les circuits secondaires soumis accidentellement à une haute tension. Il conclut à l'unanimité que les circuits secondaires pour des tensions ne dépassant pas 150 volts doivent être mis à la terre. Il observe que les accidents mortels causés par une tension de 150 volts sont si peu nombreux que l'on peut n'en pas tenir compte. Il s'ensuit que la mise à la terre des circuits à 150 volts n'augmente pas le risque de vie mais, d'autre part, rend la manœuvre de ces circuits non dangereuse à tout instant. La mise à la terre des circuits à 200 volts les protège contre les hautes tensions dues à des défauts d'isolement de transformateurs ou à des contacts avec d'autres circuits, accidents du reste peu fréquents, mais, par contre, expose constamment l'abonné à recevoir une commotion de 200 volts, laquelle peut être fatale, ainsi que l'a montré la pratique. Le Comité conclut de ces considérations qu'il serait presque *criminel* d'imposer la mise à la terre des circuits à 200 volts et au-dessus, « car une telle prescription pourrait être la cause directe de la mort d'un abonné ».

Il est à noter qu'en Angleterre on a adopté d'une façon courante des tensions normales de distribution à courant alternatif de 220 volts. La prohibition de la mise à la terre des circuits à tension supérieure à 150 volts, formulée par la « National Electric Light Association », impliquerait donc que la tension de 220 volts adoptée en Angleterre est dangereuse pour la vie.

L'année suivante, la « National Electric Light Association » a repris l'étude de la question. Elle a annulé la résolution précédente et préconisé la mise à la terre des circuits jusqu'à 250 volts, comme étant utile tant au point de vue des risques d'incendie qu'à celui du danger pour la vie.

Mr. Steinmetz a exprimé l'opinion qu'une tension de 50 volts peut être mortelle si le contact est suffisamment bon, tandis qu'une tension de 250 volts ne peut tuer que dans des conditions particulières et qu'il faut une *terre* très parfaite pour qu'une commotion de 250 volts soit mortelle.

Mr. Steinmetz conclut que la sécurité de la vie humaine ainsi que celle des immeubles relativement à l'incendie est dans la mise permanente à la terre des circuits secondaires, quelle que soit la tension, mise à la terre combinée avec une bonne isolation de ces circuits. Si l'on redoute un danger, dans les conditions normales, de la part des circuits secondaires mis à la terre, on peut écarter ce danger à l'aide de précautions d'isolation tandis qu'il n'existe aucun moyen sûr autre que la mise à la terre de ces circuits pour éviter les accidents fatals auxquels donneraient lieu des tensions anormales apparaissant sur ces circuits et provenant de transformateurs défectueux ou de contacts entre les réseaux secondaires et des fils à haute tension.

Lorsque le secondaire est mis à la terre et principalement lorsque la tension alternative normale est relativement élevée, par exemple 200 ou 220 volts, les installations intérieures doivent être telles que les personnes ne puissent pas être exposées à être soumises à la tension du circuit. Une bonne précaution consiste à employer des douilles de lampe n'ayant aucune partie métallique accessible et des interrupteurs dont toutes les parties extérieures susceptibles d'être touchées sont en matière isolante : porcelaine, ébonite, etc.

La « International Association of Municipal Electricians », dans son congrès annuel de 1909, a discuté longuement la mise des secondaires à la terre. On cita un certain nombre d'accidents de personnes dus au contact des victimes avec des secondaires isolés de la terre sur lesquels la haute tension avait fait irruption, soit par suite d'un contact entre les canalisations à haute tension et à basse tension, soit par suite d'un défaut dans un transformateur. L'un des membres affirma que la grande majorité des Compagnies d'assurances contre l'incendie (neuf sur dix) estiment que la plupart des incendies par l'électricité sont produits par un transformateur ayant une dérivation du primaire au secondaire. Il déclara qu'un grand nombre d'incendies ont été déterminés par des secondaires isolés de la terre et que plusieurs agents d'assurances sont d'avis qu'un secondaire isolé de la terre est un risque d'incendie aussi bien que d'accident mortel.

Ensuite de cette discussion, l'Association prit la délibération suivante :

« Attendu que l'irruption des hautes tensions sur les réseaux secondaires à courant alternatif par suite de défaut entre les circuits primaire et secondaire a eu comme résultat une destruction alarmante de la vie et de la propriété ;

« Attendu que la présence de ces hautes tensions peut être évitée par la mise à la terre appropriée des systèmes secondaires à courant alternatif,

« La « International Association of Municipal Electricians », délibérant en tant que corps, demande qu'il soit établi un règlement rendant obligatoire la mise à la terre de tous les systèmes secondaires à courant alternatif pour lesquels, ce dispositif de sécurité étant appliqué, la tension entre la terre et une partie quelconque dudit système n'excédera pas 250 volts.

La valeur de 250 volts comme limite de la tension des réseaux pouvant être mis à la terre a été fixée par le « American Institute of Electrical Engineers ». Cette tension peut être adoptée avec sécurité comme n'étant pas dangereuse dans les conditions normales de santé et eu égard à la nature du contact qui peut se produire dans les distributions intérieures.

Actuellement la mise des secondaires à la terre est adoptée d'une manière à peu près générale aux États-Unis.

On se contente parfois de mettre le secondaire à la terre au transformateur même. Mais alors la mise à la terre ne constitue pas une protection certaine en toutes circonstances. Considérons en effet un réseau de distribution aérien dans lequel le primaire et le secondaire sont portés par les mêmes appuis. Si un fil à haute tension vient à se rompre et tombe sur l'un des conducteurs secondaires isolés de la terre, l'enroulement primaire du transformateur se trouvant séparé du fil à haute tension rompu, un certain courant de haute tension passe à la terre à travers l'enroulement secondaire, celui-ci formant impédance. Dans ces conditions, la tension sur le conducteur secondaire considéré peut atteindre une valeur élevée. Cependant, en général, l'impédance relativement faible de l'enroulement secondaire laissera passer un courant primaire suffisant pour faire fondre le fusible primaire le plus proche, ce qui supprimera la haute tension sur le fil secondaire.

Si les canalisations primaire et secondaire sont aériennes et exposées à avoir des contacts entre elles, la méthode offrant le plus de sécurité consiste à mettre le secondaire à la terre à chaque immeuble. C'est la méthode adoptée généralement en Amérique.

Avant de mettre à la terre le secondaire d'un transformateur, une installation intérieure ou un groupe d'installations, il faut au préalable vérifier l'isolement de ces installations, car une *terre* accidentelle sur le pôle ou sur les pôles non mis intentionnellement à la terre déterminerait un court-circuit.

Certaines Compagnies américaines d'assurances contre l'incendie ont imposé comme fil de terre un fil de cuivre de 21 millimètres carrés de section. Mais on considère qu'un fil de cuivre de 4 millimètres de diamètre ou de 12,5 millimètres carrés de section est suffisant tant au point de vue de la conductance que de la solidité mécanique. A l'intérieur des immeubles on emploie un fil isolé comme ceux de la canalisation des lampes, ou bien un fil nu sur poulies ou taquets de porcelaine. Aux points où ce fil pourrait être exposé à des détériorations mécaniques, on le loge dans une moulure de bois ou mieux dans un tube de fer qu'il n'est pas nécessaire de mettre à la terre. En pratique, le tube de fer n'a pas d'inconvénient. Les traversées de mur se font dans des tubes de porcelaine.

Il est nécessaire de vérifier chaque terre de temps à autre. A cet effet, on intercale sur le fil de terre une lame métallique permettant d'isoler la *terre* de la canalisation. On peut vérifier une *terre* en faisant fondre un plomb de 2 ampères à l'aide du courant même de la distribution et en utilisant, si possible, une seconde *terre* voisine pour fermer le circuit.

On peut employer comme *terre* une plaque de fer galvanisée ou de cuivre de 1 mètre carré ou 1,5 mètres carrés de surface simple d'environ 3 millimètres d'épaisseur, placée horizontalement dans le sol, soit directement, soit entre deux couches de charbon de bois ou de coke pulvérisé et damé. Pour obtenir une bonne *terre*, il faut pousser la fouille à une profondeur suffisante pour atteindre une couche de terrain possédant une humidité permanente. Les terrains argileux conservent le mieux l'humidité. S'il existe une nappe d'eau permanente, un terrain sableux ou du gravier sont bons. Un sol rocheux ne convient pas pour l'installation d'une *terre*.

On peut établir la *terre* dans un terrain recouvert d'herbe. Tant que celle-ci reste verte, c'est que le terrain conserve de l'humidité.

Le fil de terre, de cuivre, doit être rivé et soudé à la plaque de terre. Le fil de terre, dans sa partie enfouie dans le sol, se corrode assez rapidement et souvent même se coupe. Pour que ce fil dure longtemps, il doit être d'assez gros diamètre. On peut encore protéger le fil enfoui dans le sol au moyen d'un tuyau de plomb soudé à la plaque de terre.

On emploie aussi comme *terre* un tube de fer galvanisé de 25 millimètres de diamètre et d'environ 3 mètres de longueur, que l'on enfonce verticalement dans le sol. Pour que la *terre* soit bonne il est nécessaire que le tube de fer atteigne l'humidité permanente. Pour fixer le fil de terre au tube on décape celui-ci à l'intérieur de son extrémité supérieure, on y introduit un tampon formé d'un ruban de carton d'amiante enroulé en spirale, de façon à former une cavité d'environ 25 millimètres de profondeur. Puis on introduit dans cette cavité l'extrémité du fil de terre enroulé en hélice à spires jointives et ayant sensiblement le diamètre intérieur du tube et on coule de la soudure d'étain, de façon à remplir la cavité.

On peut encore employer un tuyau de plomb, de 20 millimètres de diamètre extérieur et de 10 mètres de longueur, posé au fond d'une tranchée d'au moins 1 m. 20 de profondeur.

On utilise dans certains cas comme *terre* le circuit de retour de tramway ou de chemin de fer.

Quelques compagnies de distribution d'énergie ont adopté un fil de cuivre nu posé dans le sol, servant de *terre* commune aux diverses installations et qu'on relie à la terre aux points les plus propices, particulièrement aux conduites d'eau principales qu'il rencontre. A New-York, on a établi une canalisation en fil de cuivre nu, reliée à chaque immeuble, et s'étendant jusqu'à l'usine où elle est mise à la terre.

Ces différentes *terres* ont une faible résistance, c'est-à-dire sont efficaces, seulement si elles sont installées dans l'humidité permanente. Si le sol environnant l'électrode devient sec la résistance de la *terre* peut augmenter considérablement.

La « Northern Colorado Power C° » emploie comme *terre* une cuvette de cuivre horizontale. L'eau de pluie qui s'infiltre s'accumulant dans la cuvette maintient humide la partie du sol située au-dessus de l'électrode. Ce dispositif ne serait pas efficace dans des terrains sableux dépourvus de nappe d'eau souterraine, car la cuvette pourrait se vider par capillarité et se trouver environnée de sable sec, et par suite isolée de la terre.

On a proposé d'arroser, à de fréquents intervalles, le sol autour de la *terre* formée par un tube de fer avec de l'eau salée. Les essais effectués ont montré que ce procédé donne d'excellents résultats et qu'après un petit nombre d'épandages d'eau salée le sol devient humide et bon conducteur d'une manière permanente. Le Comité de la « National Electric Light Association », dans son rapport de 1908, conseille de déposer autour de tubes verticaux, et plutôt près de la surface du sol, une certaine quantité de cristaux de sel gemme brut qui, grâce à sa nature hygroscopique, attire l'eau assurant ainsi une *terre* de faible résistance et permanente. Quand on applique ce procédé, on doit exécuter avec grand soin la connexion du fil de terre avec le tube, car celui-ci se corrode sous l'action du sel. Cependant, on estime que dans ces conditions, un simple tube de fer doit durer une dizaine d'années. Un tube de fer galvanisé aurait une durée plus longue. Enfin, un tube de laiton coûterait plus cher, mais durerait presque indéfiniment.

Une canalisation de distribution de gaz ne constitue pas une *terre* sur laquelle on puisse compter. Elle peut comporter des joints plus ou moins isolants dont la résistance ne se trouve pas shuntée par le fluide, lequel n'est pas conducteur, tandis que, dans les conduites d'eau, celle-ci étant conductrice shunte les joints isolants.

La *terre* la meilleure est celle constituée par une canalisation d'eau étendue telle qu'en possède chaque ville. Une telle *terre* a une très faible résistance et une très grande permanence.

Quand on établit une terre à un immeuble, on connecte d'une part le fil de terre à la canalisation électrique avant l'interrupteur et le coupe-circuit et, d'autre part, on fixe l'autre extrémité du fil de terre à la canalisation d'eau avant le compteur d'eau, s'il en existe, du côté de la rue. On garnit de soudure d'étain et de résine le tuyau de plomb autour duquel on enroule en hélice le fil de terre que l'on soude en ajoutant de la soudure et de la résine.

Certaines Compagnies de distribution d'eau et quelques Municipalités s'opposent à l'utilisation de leurs canalisations comme *terre* dans la crainte que la connexion des conducteurs électriques avec leurs conduites ne soit préjudiciable à ces dernières. Mais cette crainte n'est pas justifiée. En effet, lorsqu'un secondaire à courant alternatif est relié aux conduites d'eau, aucun courant ne circule dans celles-ci, sauf dans le cas d'irruption de la haute tension sur le secondaire. Quand cet accident se produit, dans la majorité des cas un fusible fond et coupe immédiatement le courant. En outre, si un courant circulait, ce serait un courant alternatif, lequel ne produit pas d'action électrolytique ou tout au moins qu'une action extrêmement faible. Par conséquent, la connexion des circuits secondaires avec les conduites d'eau ne cause aucun dommage à ces conduites.

Mr. E.-E. Townsend, ingénieur d'une Compagnie d'assurances, affirme n'avoir jamais eu connaissance d'un tuyau avarié même légèrement par suite de son utilisation comme *terre*.

Dans son transport d'énergie par courant continu de haute tension de Saint-Maurice à Lausanne, en Suisse, M. Thury a trouvé pour la *terre* de Lausanne, constituée par la canalisation d'eau de cette ville, une résistance de 0,164 ohm, tandis que la *terre* de Saint-Maurice, formée par un paquet de rails enfouis dans le sol, avait une résistance de 1,233 ohm.

Lorsqu'on peut atteindre la nappe d'eau souterraine pour y installer une plaque de terre, on peut obtenir une *terre* ayant une résistance de 6 ohms seulement. Si la nappe d'eau ne peut pas être atteinte, une *terre* formée d'une plaque de fer, ou de cuivre, de 1 mètre × 1 m. 50 dans 2 mètres cubes à 2 mc. 5 de coke finement pulvérisé et damé, et dans un terrain humide, a une résistance d'environ 10 ohms.

M. Corsepius a trouvé pour une *terre* formée d'une plaque de fer de 1 m. × 1 m. 50, posée directement dans le sol, une résistance d'environ 7 ohms. Pour un fil enroulé, enfoui dans le sol, que l'on emploie fréquemment comme *terre* de paratonnerre, il a trouvé une résistance de 50 ohms. Pour un tuyau de plomb de 20 millimètres de diamètre et de 10 mètres de long, posé au fond d'une tranchée de 1 m. 20 de profondeur, il a mesuré une résistance de 6,5 à 8,5 ohms.

Mr. Bingham Hood a trouvé pour un tuyau de fer galvanisé de 25 millimètres de diamètre enfoncé à une profondeur de 1 m. 80 dans le sol une résistance variant de 20 à 80 ohms et atteignant parfois, après cinq ou six ans, 200 ohms.

Un puits communiquant avec une nappe d'eau souterraine donne une *terre* excellente. L'auteur a trouvé pour la résistance d'une *terre* formée d'une plaque de cuivre noyée dans un puits foré dans le voisinage de la Saône une résistance de 1,5 à 2 ohms, mesurée à l'aide d'un courant alternatif à la fréquence de 50 périodes par seconde, pour différentes intensités variant entre 4,27 et 43 ampères. La résistance mesurée diminue lorsque le courant croît.

Mesure de la résistance d'une terre.

La mesure de la résistance d'une *terre* s'effectue à l'aide de deux autres *terres* auxiliaires.

Soit A la terre dont on veut mesurer la résistance. On établit dans le voisinage deux *terres* auxiliaires B, C, par exemple en enfonçant dans le sol deux tiges ou tuyaux de fer. Soit x la résistance cherchée de la *terre* A, y et z les résistances, également inconnues, des terres B et C.

Afin d'éviter les actions de polarisation, on emploie le courant alternatif de la distribution elle-même ou bien le courant alternatif fourni par l'enroulement secondaire d'une bobine d'induction alimentée par une batterie de piles ou d'accumulateurs.

On fait agir une tension e_1 entre les *terres* A et B et on obtient un courant i_1. De même, une tension e_2 appliquée entre B et C engendre un courant i_2; une tension e_3 entre C et A donne un courant i_3.

On a successivement les relations suivantes :

1. $$i_1 = \frac{e_1}{x + y}$$

2. $$i_2 = \frac{e_2}{y + z}$$

3. $$i_3 = \frac{e_3}{z + x}$$

ou :

4. $$(x + y)\, i_1 = e_1$$
5. $$(y + z)\, i_2 = e_2$$
6. $$(z + x)\, i_3 = e_3$$

En éliminant y et z entre ces équations, on obtient :

7. $$x = \frac{e_1 i_2 i_3 - e_2 i_1 i_3 + e_3 i_1 i_2}{2\, i_1 i_2 i_3}$$

On construit des instruments, munis d'une bobine d'induction, que l'on relie simultanément à la *terre* dont on veut mesurer la résistance et aux deux *terres* auxiliaires, et qui donnent, par une simple lecture, la résistance cherchée.

CHAPITRE VI

SECOURS AUX VICTIMES DU COURANT ÉLECTRIQUE

I. Brûlures.

Avant de toucher à une blessure quelconque, on doit se laver les mains abondamment au savon. Si l'on dispose d'alcool, il est bon en outre de se frotter les mains avec ce liquide sans les essuyer.

Si les brûlures ont produit des ampoules, on perce celles ci à l'aide d'une aiguille ou d'une épingle bien propres, puis on recouvre les brûlures d'une compresse imbibée d'eau boriquée à la dose d'une cuillerée d'acide borique dans un verre d'eau ou d'une solution d'acide picrique au centième. L'acide picrique a l'avantage de calmer la douleur. On peut aussi employer un onguent au borax ou au sous-azotate de bismuth. On applique encore le sous-azotate de bismuth en poudre sur la brûlure. Enfin, on peut enduire la brûlure d'huile d'olive ou d'un mélange d'huile de lin et d'eau de chaux.

Si la douleur causée par la brûlure est trop vive, on la calme au moyen de cocaïne. Lorsqu'on pratique une injection hypodermique à l'aide d'une seringue, on doit s'assurer que le liquide remplit complètement la canule avant l'introduction sous la peau, car les bulles d'air injectées dans les tissus peuvent produire un abcès sous la peau ou un caillot de sang si l'injection a lieu dans une veine.

Si les yeux ont été blessés par une flamme électrique on leur applique une compresse d'eau boriquée.

II. Secours aux victimes d'une commotion électrique.

Une commotion électrique peut déterminer des nausées par action réflexe du système nerveux.

Les vomissements de sang sont en général le symptôme de lésions internes produites par une chute consécutive à une commotion électrique.

Les principaux symptômes d'une violente commotion électrique sont : la peau froide, la pâleur, la perte de connaissance.

Lorsqu'une personne reçoit une commotion électrique, il importe avant tout de la soustraire à l'action du courant, soit en isolant le conducteur qu'elle touche de la source électrique par la manœuvre d'un interrupteur, d'un sectionneur, etc., soit en séparant le corps du conducteur.

Si la tension est supérieure à 600 volts continus ou 250 volts alternatifs, il serait dangereux de toucher directement la victime. A l'aide d'une pièce isolante, telle qu'une tige de bois bien sec, on écarte le conducteur ou bien on fait rouler le corps de côté, de façon à l'isoler du conducteur. Une tige de manœuvre de sectionneur, formée d'un crochet de métal fixé à l'extrémité d'un manche d'ébonite ou scellé dans un isolateur de porcelaine fixé à une tige de bambou, convient très bien à cet usage. Si l'on ne dispose pas d'une tige de manœuvre de sectionneur ou d'un bâton sec, on peut monter sur une planche sèche et isoler au moyen d'un vêtement sec quelconque la main qui doit saisir la victime pour la séparer du circuit. Jusqu'à 3.000 ou 4.000 volts on peut utiliser des gants de caoutchouc. Si le corps est en contact avec le sol, on peut le retirer en saisissant impunément toute partie sèche de vêtement du sujet. Si les doigts sont crispés sur le conducteur, on les détache l'un après l'autre.

Souvent la victime s'est elle-même séparée de la source électrique par un mouvement réflexe brusque de contraction des muscles.

Si l'accidenté n'a qu'une légère défaillance, est pâle, a des frissons, est chancelant, il faut le placer à l'air frais ou dans un local bien aéré et le tenir couché. Les pieds doivent être élevés de façon à faire affluer le sang à la tête, car la pâleur indique que le cerveau, comme la face, est vide de sang, et là est le danger. Si, au contraire, la face est rouge sombre, c'est que la tête renferme du sang en excès; il faut, dans ce cas, élever la tête et lui appliquer une compresse d'eau froide.

On doit appeler immédiatement un médecin, mais à la condition qu'il y ait plusieurs personnes présentes. Il ne faut jamais laisser le malade seul jusqu'à l'arrivée du médecin. Si la perte de connaissance se produit rapidement, il ne faut jamais redresser le malade brusquement, mais au contraire le laisser couché et le transporter dans cette position.

On observera immédiatement si la respiration est régulière, libre et suffisamment profonde. On ouvrira le col de l'habit et de la chemise, on desserrera la ceinture. On appliquera la main sur la région du cœur pour se rendre compte de l'activité de cet organe. Si la respiration n'est pas parfaitement régulière, et surtout si elle est complètement arrêtée, on entreprendra immédiatement la respiration artificielle.

Si la victime ne donne plus signe de vie, elle peut être seulement dans l'état de mort apparente. Le courant électrique a pu arrêter la respiration en paralysant temporairement la commande nerveuse des muscle de la respiration, ou bien le courant a peut-être arrêté le battement régulier du cœur. Lorsque le cœur est gravement affecté, il cesse de se contracter comme un tout, mais il continue à se contracter dans ses parties, de telle sorte qu'il semble trembler. On dit alors qu'il a des mouvements fibrillaires. Dans cet état, le cœur n'exerce plus son action normale de pompage, il ne maintient plus le sang en circulation et la mort s'ensuit rapidement. Jusqu'à présent, on n'a découvert aucun procédé pratique qui permette de rétablir le mouvement régulier du cœur d'un homme lorsque cet organe a pris des mouvements fibrillaires.

Il faut espérer que les expériences sur les animaux permettront de trouver des procédés capables de rendre au cœur son mouvement naturel. Mais il est à craindre que, même si l'on arrive à arrêter les mouvements fibrillaires et à rétablir le battement normal du cœur après un arrêt de quelques minutes, les centres vitaux, tel que le cerveau, n'aient trop souffert pour être ranimés.

Cependant, dans quelques cas, le cœur peut être simplement affaibli sans avoir pris les mouvements fibrillaires. Dans ces circonstances, la respiration artificielle a une importance primordiale, parce qu'un grand affaiblissement du cœur a comme conséquence une diminution, puis l'arrêt total de la respiration, lequel à son tour détruit le dernier vestige de battement du cœur. Par conséquent, il faut, dans tous les cas, s'efforcer de rétablir la respiration.

La victime peut avoir des lésions graves dues au dégagement de chaleur par transformation de l'énergie électrique ou à des altérations des tissus et des liquides de l'économie par électrolyse. Ces lésions peuvent avoir déterminé la mort définitive.

Mais, dans un grand nombre d'accidents, la victime ne reste en contact avec le conducteur que pendant un temps très court; le contact est imparfait; la résistance du corps, accrue éventuellement de celle des chaussures, limite l'intensité du courant qui traverse le corps. Souvent même la victime n'a pas été soumise à la tension totale qui existe entre deux conducteurs, mais seulement à une fraction de cette tension. Dans ces conditions, le plus souvent il y a seulement suspension de la respiration ou mort apparente. On peut alors avoir espoir de rappeler la victime à la vie en rétablissant artificiellement la respiration. Heureusement, la respiration artificielle peut être pratiquée par les profanes sans appareils compliqués.

Si donc la victime ne donne plus signe de vie, on doit procéder immédiatement à la respiration artificielle. La moindre perte de temps réduirait les chances de succès.

Il est inutile et même dangereux d'administrer à la victime des stimulants en les versant dans la bouche, car le liquide empêcherait la respiration. Il faut ne donner aucune boisson au sujet avant qu'il ait repris ses sens.

La respiration artificielle a pour objet tout d'abord d'amener de l'oxygène au corps et d'expulser l'acide carbonique, et, en second lieu, d'exciter indirectement l'activité du cœur.

Si, se tenant debout, on exécute lentement une inspiration aussi profonde que possible, on observe sur soi-même les phénomènes suivants : pendant que la cage thoracique se dilate, les épaules se soulèvent et, en même temps, la colonne vertébrale et la tête s'inclinent en arrière. Pendant l'expiration, les épaules s'abaissent en avant, la colonne vertébrale s'infléchit en avant et l'abdomen est attiré à l'intérieur. Tel est le processus physiologique que l'on cherche à reproduire dans la respiration artificielle.

Il existe deux méthodes de respiration artificielle principales :

1° *La méthode Sylvester;*

2° *La méthode Schaefer.*

Méthode Sylvester. — C'est la plus ancienne, imaginée pour le traitement des noyés, considérés comme asphyxiés.

Dès que la victime a été séparée de la source de courant, on la couche immédiatement sur le dos. On ouvre rapidement le col de la chemise et celui du vêtement, afin de rendre la respiration libre, et l'on s'assure que les voies respiratoires ne sont pas obstruées. Si les dents sont serrées, on écarte les mâchoires à l'aide d'un coin de bois ou d'un manche de couteau que l'on introduit entre les rangées de dents latérales, car les incisives sont fragiles. On saisit la langue avec un mouchoir en la tirant en avant des dents, puis on la lie au moyen d'un linge noué sous le menton, de façon qu'elle ne puisse pas retomber en arrière et obstruer le larynx.

On enroule un vêtement quelconque, une veste par exemple, en forme de coussin, que l'on place sous les épaules de façon à renverser la tête en arrière, la face en l'air. L'opérateur se met alors à genoux derrière la tête de la victime, le visage tourné vers cette dernière, en lui faisant face. Il saisit les deux bras repliés avec ses doigts tournés vers l'extérieur, à l'avant-bras, juste vers le coude, celui-ci étant alors dirigé du côté des pieds ; puis il les tire vigoureusement à lui (fig. 4), de façon à les étendre de toute leur longueur, horizontalement sur le sol, en les faisant passer au-dessus de la tête du sujet, et il les maintient dans cette position pendant deux secondes environ. Cette manœuvre produit une dilatation du thorax et fait aspirer de l'air par les poumons. Il repousse alors les avant-bras, lesquels conservent toujours la position horizontale, de façon à ramener les bras contre la face antérieure latérale de la poitrine, les mains de l'opérateur tenant les coudes fermés de la victime de façon à comprimer fortement les parois du thorax, sur les côtés, afin d'expulser l'air des poumons (fig. 5).

Cette manœuvre est répétée seize fois par minute. Les mouvements doivent être réguliers, à raison de seize respirations par minute. L'opérateur peut obtenir le rythme en respirant lui-même profondément pendant le mouvement d'inspiration de la victime et en expirant pendant le mouvement d'expiration.

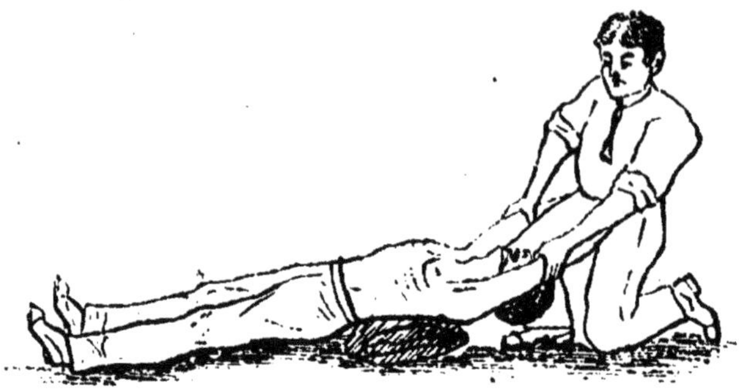

Fig. 4.

Fig. 5.

Cette opération doit être continuée pendant une heure au moins et même pendant deux ou trois heures et au delà.

Si une seconde personne est présente pour porter secours, elle pratiquera en même temps la traction rythmée de la langue (fig. 6). Ce second opérateur saisit la langue de la victime à l'aide d'un morceau d'étoffe. d'un mouchoir de poche, qui l'empêche de glisser, et la tire avec force en dehors de la bouche, pendant que les bras sont étendus au-dessus de la tête, c'est-à-dire pendant le mouvement d'inspiration, puis la laisse pénétrer dans la bouche pendant que le premier opérateur comprime la poitrine, c'est-à-dire pendant le mouvement d'expiration. Cette traction rythmée de la langue doit être effectuée synchroniquement avec la manœuvre des bras, par conséquent à la fréquence de seize mouvements complets, avant et arrière, par minute. Cette traction de la langue a pour but de dégager le larynx de façon à permettre à l'air de pénétrer dans les poumons. En outre, le frottement de la face inférieure de la langue contre les dents inférieures produit une excitation réflexe qui stimule fréquemment un effort involontaire d'inspiration par réflexe sur le nerf pneumogastrique.

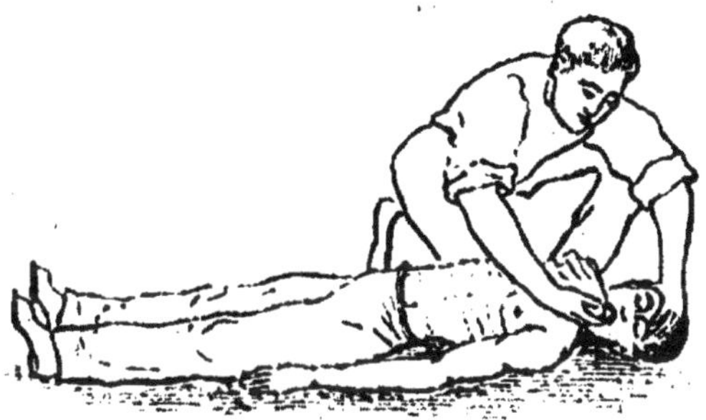

FIG. 6.

MÉTHODE SCHAEFER. — C'est la méthode anglaise de respiration artificielle dénommée « Prone Pressure Method » (méthode par pression, la victime étant couchée à plat ventre).

Il y a déjà un certain nombre d'années, le Gouvernement anglais institua une Commission, présidée par le professeur Schaefer, d'Edimbourg, ayant pour mission de rechercher les moyens les plus efficaces pour ranimer les noyés. Cette Commission a élaboré une méthode qui, après une étude scientifique approfondie, a été adoptée par la « Royal Human Society » et par la « Coast Guard of Great Britain ».

L'étude expérimentale démontra que lorsque le sujet est couché sur le dos, comme cela a lieu dans la méthode Sylvester, la mort réelle peut être déterminée par l'ingestion du mucus sécrété par les muqueuses de la trachée-artère et des bronches. Ce mucus se trouvant battu par les efforts violents de la respiration artificielle se transforme en écume qui vient obstruer les bronches capillaires, les bronchioles et les broncho-alvéoles, empêchant ainsi l'accès de l'air dans les parties profondes, actives des poumons. Ce phénomène explique un certain nombre d'insuccès que l'on a éprouvés dans l'application de la respiration artificielle à des individus qui avaient été retirés de l'eau quelques secondes seulement après l'arrêt de la respiration et qui ont succombé malgré tous les efforts que l'on a tentés pour les ranimer.

La méthode anglaise de respiration artificielle est directement applicable aux individus chez lesquels la vie a été suspendue par une commotion électrique.

Pour appliquer la méthode Schaefer, on procède comme suit, en observant qu'il est de la plus grande importance d'agir sans perdre un instant :

1° On couche la victime sur le sol (fig. 7), le ventre contre terre, le dos

Fig. 7.

en l'air, les bras aussi étendus que possible en avant, la face tournée de côté, de façon que la bouche et le nez soient dégagés du sol ;

2° L'opérateur se met à genoux, à cheval au-dessus des cuisses de la victime en s'asseyant sur les jarrets de celle-ci et en regardant sa tête. Étendant ses bras, il pose la paume de ses mains sur le dos de la victime, latéralement, juste sur les côtes inférieures courtes. Puis, inclinant son corps en avant, il appuie graduellement de tout son poids sur le thorax, en maintenant cette pression pendant deux à trois secondes, de façon à chasser l'air des poumons. Il revient alors brusquement en arrière dans la première position, de façon à supprimer la pression qu'il exerçait sur le corps de la victime. L'élasticité des côtes et des organes contenus dans l'abdomen détermine l'expansion du thorax et, par suite, fait aspirer de l'air par les poumons. Deux à trois secondes après, l'opérateur répète la manœuvre, et ainsi de suite, à raison de douze à quinze mouvements doubles par minute.

Si une seconde personne est présente, elle tirera la langue de la victime en dehors de la bouche ; elle desserrera les vêtements autour du cou, de la poitrine et de la taille du sujet. Il faut donner de l'air frais à la victime mais la tenir au chaud. On doit ne lui donner aucun liquide par la bouche avant qu'elle ait repris entièrement connaissance.

La position donnée au sujet permet à la langue de tomber en avant et tout mucus ou toute eau qui se trouveraient dans les poumons peuvent aisément s'échapper par la bouche.

Cette méthode est très simple. Toute personne de force moyenne est capable, en appuyant de son poids sur la partie inférieure du thorax, de faire inspirer et expirer à la victime une quantité d'air égale à celle qu'elle absorberait et expulserait elle-même si elle était en pleine santé.

Les Drs A. Loewy et G. Meyer, dans un mémoire publié dans la *Berliner klinische Wochenschrift*, en 1909, critiquent la méthode Schaefer, qu'ils considèrent comme moins efficace que la méthode Sylvester. Suivant ces médecins, la méthode Schaefer agit seulement sur l'exhalation et appartient aux méthodes « d'expiration », lesquelles ne réalisent pas artificiellement le remplissage des poumons aussi complètement que les méthodes « combinées », telle que celle de Sylvester. La position du sujet reposant sur l'abdomen a comme conséquence que le poids du corps exerce une pression sur le thorax, diminuant par suite l'expansion de la poitrine. Il en résulte une réduction du volume d'air pénétrant dans les poumons et, par suite, un effort moindre sur la circulation du sang et sur les pulsations du cœur.

Ces auteurs reconnaissent cependant que, pour les noyés, la position de la victime la face tournée vers le bas facilite l'expulsion de l'eau contenue dans les voies respiratoires, mais ils prétendent que pour les victimes d'une commotion électrique ce fait est sans utilité. Ils préconisent la méthode Sylvester comme assurant la ventilation des poumons et activant la circulation du sang.

Sur l'initiative de la « National Electric Light Association », a été instituée aux Etats-Unis une Commission ayant pour mission l'étude de la commotion électrique et l'établissement de règles pour les premiers secours à porter aux victimes d'une commotion électrique.

Cette Commission se compose de membres de la « American Medical Association », de la « National Electric Light Association » et du « American Institute of Electrical Engineers ».

Membres nommés par la « American Medical Association » :

Dr W.-B. Cannon, professeur de physiologie à l'Université de Harward; Dr George-W. Crile, professeur de chirurgie à l'Université de Western Reserve; Dr Yandell Henderson, professeur de physiologie à l'Université de Yale; Dr S.-J. Meltzer, du « Rockefeller Institute for Medical Research », à New-York; M. W.-D. Weaver, secrétaire.

Membres nommés par la « National Electric Light Association » :

Dr E.-A. Spitzka, professeur d'anatomie générale au « Jefferson Medical College »; Mr. W.-C.-L. Eglin, ingénieur électricien de la » Philadelphie Electric Company.

Membres nommés par le « American Institute of Electrical Engineers »

Dr Elihu Thomson, électricien, de la « General Electric Company »; Dr A.-E. Kennelly, professeur d'électricité industrielle à l'Université de Harward.

Cette Commission a tenu sa première séance le 22 février 1912, à New-York. Trois problèmes lui ont été posés :

1° Détermination de la meilleure méthode de respiration artificielle susceptible d'être appliquée immédiatement par les profanes et description claire de la méthode choisie;

2° Examen d'appareils mécaniques spéciaux destinés à continuer la respiration artificielle et création éventuelle d'un dispositif simple et efficace dont la manœuvre serait susceptible d'être apprise facilement et rapidement;

3° Recherche en vue de déterminer s'il est possible de rendre au cœur tombé dans l'état fébrillaire son mouvement naturel de pulsation.

Les membres médecins de la Commission proposèrent à l'unanimité l'adoption de la méthode Schaefer comme étant la meilleure dans les mains de profanes pour maintenir la respiration chez les victimes d'un choc électrique.

La méthode Schaefer a été jugée supérieure à celle de Sylvester en raison de sa plus grande simplicité, de sa plus grande facilité d'application, de l'absence de trouble produit par la chute de la langue en arrière obstruant le passage de l'air. En outre, le risque de rupture de côtes dans l'application de la pression sur le thorax est moindre dans la méthode Schaefer.

Le troisième problème a été tout d'abord à peine considéré. Il est possible que ce problème soit insoluble, en raison de la désagrégation rapide du cerveau en l'absence d'afflux convenable du sang.

Le Dr C.-A. Lauffer, de Pittsburgh, dans une description de la méthode Schaefer, conseille de ne pas perdre de temps à transporter le sujet en un lieu plus propice dès qu'il a été isolé de la source électrique, ni à rechercher si la bouche est ouverte. Il suffit de vérifier si la bouche et le nez ne sont pas obstrués par quelque corps étranger, puisque la pression exercée sur les côtes libres force l'air à passer à travers les narines si la bouche est fermée et rétablit la respiration. Les tentatives de rappel à la vie doivent durer d'ordinaire plus d'une heure et être prolongées indéfiniment si l'on constate quelque signe de vie pendant la respiration artificielle. Les signes de vie se manifestent d'ordinaire dans les vingt-cinq premières minutes de l'application de la respiration artificielle chez les victimes susceptibles de revenir d'une commotion électrique. Lorsque les chances de rappel à la vie d'une victime ne donnant aucun signe de vie dans les vingt-cinq premières minutes sont minimes, on doit continuer les tentatives, faire profiter la victime du doute jusqu'à ce que tout espoir de succès soit perdu.

D'ordinaire, les opérations de rappel à la vie sont entreprises trop tard. Le médecin lui-même perd souvent du temps en faisant transporter le sujet dans un local où il estime que la victime sera mieux et où lui-même aura plus de ressources à sa disposition.

Souvent après les tentatives de rappel à la vie effectuées par le personnel, le médecin mandé se contente de constater le décès. Le médecin lui-même ne prolonge pas toujours suffisamment les opérations de rappel à la vie. On cite le cas de trois soldats allemands frappés par la foudre auxquels fut appliquée la respiration artificielle. L'un fut ranimé après deux heures d'opération, le deuxième après quatre heures. Enfin, le troisième ne put être rappelé à la vie après six heures de travail. Le Dr Gowan rapporte le cas d'un homme ayant reçu une commotion électrique, à Ohio, que l'on parvint à ranimer après six heures de travail. Il resta noir pendant les deux heures consécutives de l'accident.

Il existe d'autres procédés pour tenter de rétablir la respiration. En voici quelques-uns :

L'aspersion du visage avec de l'eau froide peut quelquefois déterminer une inspiration et par conséquent amorcer la respiration que l'on devrait alors continuer à l'aide de l'une des méthodes précédentes.

Des frictions vigoureuses avec un morceau de glace sur l'épine dorsale peuvent amorcer la respiration.

Des applications alternées de chaleur et de froid sur la région du cœur produisent quelquefois le même effet.

La traction rythmée de la langue, que nous avons décrite à propos de la méthode Sylvester, a une certaine efficacité et a l'avantage de ne pas être fatigante pour l'opérateur. Celui-ci se met à genoux, à cheval au-dessus de l'abdomen de la victime, dont il saisit la langue à l'aide d'un mouchoir dans la main droite et la tire avec force en dehors de la bouche. Cette traction provoque une inspiration par action réflexe sur le nerf pneumogastrique. Puis il laisse la langue retomber et appuie avec la main gauche sur le creux épigastrique. Ces manœuvres doivent être exécutées alternativement avec le rythme de la respiration naturelle, c'est-à-dire en cadence avec celle de l'opérateur. Si le contenu de l'estomac ou des mucosités remplissent la bouche, après avoir écarté les mâchoires, on tourne la tête de côté, de façon que ces matières s'écoulent par le coin de la bouche.

Dans le cas où le sujet aurait conservé une légère respiration, le procédé suivant peut suffire. La victime étant couchée sur le dos, l'opérateur se met à genoux au-dessus de l'abdomen et applique ses mains sur les deux côtés de la cage thoracique, sur laquelle il exerce une pression qui détermine une expiration. Il saisit alors latéralement, par dessous, le thorax et le soulève légèrement, mouvement qui produit une inspiration. Il est utile que les épaules pendent, tandis que la tête ne doit pas pendre, mais, au contraire, être plus élevée que les épaules. Ce procédé doit être appliqué en particulier si la victime a un bras cassé.

En outre des méthodes précédentes, le médecin peut appliquer le traitement suivant : l'extension vigoureuse du muscle sphincter commandant l'anus excite une puissante irritation réflexe et stimule fréquemment une inspiration lorsque d'autres tentatives ont échoué. A cet effet, la victime doit être tournée sur le côté ; le médecin introduira alors les doigts médian et index dans l'anus, puis tirera brusquement et vigoureusement le muscle sphincter en arrière, vers l'échine.

Si le médecin juge opportun de continuer les opérations pour la respiration artificielle, la victime sera maintenue couchée sur le dos, les genoux soulevés et la traction sur le muscle sphincter sera alors exécutée à l'aide du pouce.

On peut encore tenter de rétablir la respiration à l'aide du marteau de Mayor. C'est un marteau ordinaire chauffé dans l'eau bouillante, que l'on applique pendant quelques secondes sur le creux épigastrique, point d'élection du réflexe respiratoire.

Le Dr Woillez avait imaginé un appareil destiné à appliquer la respiration artificielle aux noyés, auquel il a donné le nom de *spirophore* (σπῖρος, souffle, φέρω, je porte). Cet appareil se composait d'un cylindre de tôle, horizontal, ayant la forme d'un bouilleur de chaudière. L'un des fonds est plein, tandis que l'autre est muni d'une ouverture suffisante pour laisser passer le corps du noyé qu'on introduit dans le cylindre, la tête restant à l'extérieur. Un disque de peau permet de faire joint entre le fond du réservoir et le cou du sujet. Un soufflet, d'une capacité de 20 litres, permet d'aspirer brusquement dans le cylindre. On peut ainsi faire entrer dans les poumons 135 litres d'air en un quart d'heure.

Le gaz oxygène est un puissant stimulant pour le cœur, si on peut le faire pénétrer dans les poumons. A cet effet, on fabrique un cône au moyen d'un papier fort, tel que du papier à dessin, que l'on applique sur la bouche et le nez de la victime et on attache l'extrémité étroite de ce cône au tuyau venant du réservoir d'oxygène dont on ouvre le robinet pour laisser échapper le gaz dans le cône pendant que l'on pratique la respiration artificielle.

Les *Dräger Werke*, de Lübeck, construisent un appareil pour la respiration articielle à l'aide de l'oxygène. La victime étant couchée sur le dos, on lui applique sur la face un masque de caoutchouc enveloppant le nez et la bouche et formant joint hermétique. Une pince, logée dans un tuyau de caoutchouc soudée au masque et formant appendice, permet de tenir la langue serrée entre les dents de telle façon qu'elle obture la bouche. L'oxygène est puisé dans un réservoir à la pression de 125 kilogrammes par centimètre carré à l'aide d'un soufflet double, en accordéon, muni de soupapes. Ce soufflet permet de produire une dépression de 100 millimètres d'eau dans les poumons, puis de refouler dans ces organes l'oxygène sous la pression effective de 100 millimètres d'eau.

Le *Life Saving Devices Company*, de Chicago, construit un respirateur artificiel auquel elle a donné le nom de *Lungmotor*. C'est une pompe à gaz double, analogue à deux pompes pour le gonflement des pneumatiques de bicyclette accolées, dont les pistons sont commandés par une poignée commune. Cette pompe est reliée par deux tuyaux de caoutchouc, d'une part au masque de caoutchouc appliqué sur la face du sujet, et d'autre part à un réservoir d'oxygène. L'une des pompes aspire un mélange d'oxygène et d'air et l'insuffle dans les poumons. Une soupape en forme de diaphragme limite la pression du mélange envoyé aux poumons, tandis qu'un robinet permet de régler la composition du mélange d'oxygène et d'air. La seconde pompe aspire l'air des poumons à l'aide d'un tube de caoutchouc. La course des pistons peut être réglée suivant le sujet.

L'oxygène est engendré dans un réservoir cylindrique par l'action de l'eau sur le peroxyde de sodium en cartouche fermée. La cartouche dure de quarante à soixante minutes, suivant le débit d'oxygène demandé.

Les appareils à inhalation d'oxygène ont, entre autres inconvénients, celui de ne pas se trouver, en général, immédiatement à la disposition sur le lieu de l'accident. Il importe de bien noter qu'une méthode de respiration artificielle, même relativement médiocre, mais appliquée immédiatement, peut maintenir la vie et permettre de ranimer une victime d'une commotion électrique dans des cas où une méthode idéale, avec toutes les ressources du laboratoire ou de l'hôpital, serait sans efficacité après quelques minutes.

Le Dr Bleile conseille le nitrite d'amyle comme adjuvant de la respiration artificielle. Cet agent paralyse les parois des petits vaisseaux sanguins, évitant ainsi la constriction artérielle et l'obstruction pulmonaire.

On peut tenter de rétablir les mouvements du cœur de plusieurs manières :

Un premier procédé consiste en le massage du cœur. A cet effet, à l'aide des deux mains superposées, on frappe vigoureusement sur la région du cœur. Ce massage est un moyen d'excitation très puissant. Un effet analogue est obtenu par le battage de la poitrine au moyen de linges mouillés, par des frictions avec une brosse dure sur la plante des pieds et sur les mollets. La circulation peut être entretenue par les mouvements passifs des jambes : l'opérateur se met à genoux aux pieds de la victime couchée sur le dos, saisit les chevilles des pieds et presse les genoux pliés de la victime contre le ventre pendant une ou deux secondes, puis étend de nouveau les jambes et recommence la manœuvre.

Le Dr Mc Gowan conseille de tenter le plus rapidement possible de rétablir le battement du cœur. Il cite le cas d'un homme ayant reçu une commotion électrique dans un local renfermant des interrupteurs. L'un de ses camarades le projeta violemment sur le sol sur lequel il rebondit, dans l'intention de ranimer le cœur. Ce traitement plutôt brutal fut couronné de succès.

La boite de secours de la « Commonwealth Company » Société dont le Dr Mc Gowan est médecin, renferme entre autres objets une seringue hypodermique avec doses d'un vingtième de grain, soit environ 3 milligrammes et quart, de strychnine destinées à rétablir les mouvements du cœur.

Il a été affirmé que si la pression du sang dans les artères coronaires tombe à zéro dans l'espace d'environ quinze secondes, le rappel à la vie est hors question si l'on ne peut pas produire artificiellement l'élévation de cette pression. Ce résultat peut être obtenu par le remplissage aussi rapide que possible du système artériel au moyen d'une solution de sel marin à laquelle on ajoute au moment de l'injection une certaine quantité de chlorure d'adrénaline. La pression du sang dans les artères s'élève alors brusquement et fortement, et le cœur est mis de nouveau en activité par compression du thorax et il se met immédiatement à battre. On constate un pouls fort.

Si la pression du sang dans les artères est trop forte, le médecin peut la réduire par une saignée ou à l'aide d'inhalation de chloroforme. Il peut abaisser la pression cérébrale par une ponction lombaire.

Si l'on a réussi à rétablir la respiration naturelle, on doit encore surveiller le malade, car la respiration peut s'arrêter de nouveau, et, dans ce cas, il faudrait recommencer la respiration artificielle. Le Dr Mc Gowan recommande de tenir le malade couché, immobile, dans un endroit chaud, et de le réchauffer en l'enveloppant d'une couverture, en lui appliquant de la chaleur sur tout le corps, sauf à la tête, au moyen de bouteilles d'eau chaude, de briques chaudes, de sacs d'eau chaude, de flanelles imbibées d'eau chaude, en lui frottant de temps en temps les pieds avec une étoffe chaude ou une brosse. On peut lui administrer une boisson chaude, principalement du café, de l'eau additionnée de quelques gouttes d'ammoniaque, un peu d'eau-de-vie.

Dans certains cas le malade tombe dans un état de grande surexcitation qui exige un traitement énergique pour l'empêcher de nuire à lui-même ou à son entourage.

En tous cas la victime n'est pas encore définitivement sauvée. De nombreux dangers la menacent encore dans le cours de la convalescence : paralysies, faiblesse du cœur, syncopes, maladies nerveuses. La brûlure électrique, que l'on constate parfois sur les muscles, les tendons et les os, peut avoir comme suite une maladie des reins. Les éléments de tissus détruits par la chaleur passent dans le sang en circulation qui tend à les éliminer par les reins. Il arrive parfois que les uretères s'obstruent, les reins cessent de fonctionner et le malade meurt au bout de quelques jours ou de quelques semaines après l'accident.

Dans les applications industrielles de l'énergie électrique se trouve donc particulièrement vrai l'adage : « Mieux vaut prévenir que guérir. » On s'efforcera de réduire les accidents au minimum en observant les mesures de sécurité dont nous avons indiqué un certain nombre, tant pour le personnel que pour le public.

TABLE DES MATIÈRES

Lyon. — Imprimerie A. Rey, 4, rue Gentil. — 72517

www.ingramcontent.com/pod-product-compliance
Ingram Content Group UK Ltd.
Pitfield, Milton Keynes, MK11 3LW, UK
UKHW021227230726
13926UKWH00003B/1290

9 782014 442564